Le principe de l’humanisme

5-7, rue de l'École Polytechnique, 75005 Paris
www.editions-harmattan.fr

ISBN : 978-2-14-027170-0

Texte original en anglais
The Humanist Principle: On Compassion and Tolerance
I.B. Tauris, 2016.

Photo de couverture : Josep Martins / Unsplash
Portraits (4e de couverture) : Seikyo Press

Felix Unger
et Daisaku Ikeda

Le principe de l'humanisme

Dialogue sur la compassion et la tolérance

Traduit de l'anglais
par Marc Tardieu

L'Harmattan

CHEZ LE MÊME ÉDITEUR

DIALOGUES

– *Connaître notre valeur, conversations sur l'énergie et le développement durable*, avec Ernst Ulrich von Weizsäcker, 2020

– *La Sagesse de la tolérance, une philosophie de générosité et de paix*, avec Abdurrahman Wahid, 2018.

– *Apprendre tout au long de sa vie, réflexions sur l'éducation et sur la philosophie de John Dewey*, avec Jim Garrison et Larry Hickman, 2017.

– *L'Espoir de la démocratie*, avec Vincent Harding, 2017.

– *Le Bouddhisme ou la voie des valeurs, un dialogue sur la création de valeurs à travers l'Histoire*, avec Lokesh Chandra, 2016.

– *Pour l'épanouissement d'une culture de paix*, avec Elise Boulding, 2014.

– *Une voie vers la paix, des solutions aux problèmes de la planète venant d'Orient et d'Occident*, avec Nur Yalman, 2014.

– *Les Droits humains au XXIe siècle*, avec A. de Athayde, 2013.

– *Persistance de la religion, perspectives comparées sur la spiritualité moderne*, avec Harvey G. Cox, 2012.

– *Bouddhisme et Science*, avec C. Wickramasinghe, 2011.

– *Un dialogue entre Orient et Occident, vers une révolution humaine*, avec Ricardo Díez-Hochleitner, 2010.

– *Choisis la vie*, avec Arnold J. Toynbee, 2009.

– *Bouddhisme et Islam, le choix du dialogue*, avec Majid Tehranian, 2008.

– *Pour une citoyenneté planétaire*, avec H. Henderson, 2005.

ESSAIS

– *La Vie à la lumière du bouddhisme*, 2015.

– *S'ouvrir à l'avenir*, 2013.

– *Le Cycle de la vie, une perspective bouddhique*, 2006.

Sommaire

INTRODUCTION
L'Académie européenne des sciences et des arts et la SGI 9

CHAPITRE PREMIER
Religion et tolérance 31

CHAPITRE II
Compassion bouddhique et amour chrétien 61

CHAPITRE III
Créer une culture de paix 83

CHAPITRE IV
Environnement et éducation 115

CHAPITRE V
Santé, médecine et bioéthique 139

INTRODUCTION

L'Académie européenne des sciences et des arts et la SGI

IKEDA. L'existence humaine est menacée à la fois par la violence directe et structurelle. Est-ce le pouvoir dur représenté par la puissance militaire et économique ou le pouvoir doux du dialogue qui apportera la paix, la sécurité et une coexistence harmonieuse au XXIe siècle ? Le choix entre ces deux alternatives a fait l'objet de vifs débats depuis les attaques terroristes du 11-Septembre 2001. La mondialisation du dialogue va-t-elle pouvoir suivre la systématisation et la mondialisation rapide de l'économie et des moyens de communication ? En juillet 1997, à l'université Soka de Tokyo, vous avez fait ce commentaire particulièrement judicieux : « Notre capacité à nous engager dans le dialogue déterminera le destin futur de notre planète Terre. »
Jamais auparavant de sincères dialogues interculturels et interreligieux n'ont été aussi nécessaires. Je serais vraiment comblé si ce dialogue avec vous, qui dirigez un institut rassemblant des penseurs de premier plan, l'Académie européenne des sciences et des arts, pouvait contribuer au développement du dialogue à l'échelle mondiale.

UNGER. J'ai aussi l'intention de donner le meilleur de moi-même dans ce projet. Aujourd'hui, en raison de l'importance croissante accordée aux valeurs matérialistes, beaucoup de religions perdent de vue les valeurs traditionnelles qu'elles avaient autrefois en commun. La mondialisation que vous mentionnez stimule ce processus. Lorsque la valeur accordée à la vie diminue, des formes de violence meurtrière se banalisent. D'une part, il y a un déclin de la religion et, d'autre part, le matérialisme devient toujours plus prédominant. Pour mettre un terme à cette tendance, il est nécessaire que nous nous rappelions les valeurs que nous avons héritées du très lointain passé.

IKEDA. Je comprends bien ce que vous voulez dire. Comme l'a déclaré Tolstoï, la reconnaissance du caractère sacré de la vie de chaque être humain est le premier et le seul fondement de toute morale[1]. Le christianisme, le bouddhisme et d'autres religions partagent une même éthique fondamentale : le meurtre y est interdit. Même s'il peut y avoir des différences de terminologie, la non-violence et l'injonction à ne pas tuer figurent parmi les règles. Pour faire du XXIe siècle un siècle libéré de la violence et du meurtre, nous devons en proclamer l'interdiction et faire de cela le socle d'une éthique mondiale. Voilà pourquoi les dialogues interreligieux sont si nécessaires. Dans le discours que vous avez prononcé à l'université Soka, vous avez dit : « Les dialogues interreligieux doivent former l'axe de tout dialogue interculturel et être à la source de la création d'une culture de dimension mondiale. »

UNGER. La Soka Gakkai internationale (SGI), avec laquelle j'ai eu de nombreux contacts depuis plus de dix ans, est une puissante organisation bouddhique qui cherche à définir des objectifs raisonnables pour l'humanité, en s'appuyant sur la tradition bouddhique, et à les appliquer dans le monde réel. Vous illustrez bien cette tradition, Monsieur Ikeda. Dans le cadre d'un vaste réseau religieux, organisationnel et éditorial, vous vous efforcez d'exprimer la valeur de l'humain dans notre monde. Grâce aux échanges culturels

---

1. Cf. Léon Tolstoï, *Le royaume des cieux est en vous*, Le passager clandestin, 2015, p. 144.

internationaux, vous avez transmis votre message de paix avec une force prodigieuse. Pour commencer notre dialogue, j'aimerais vous demander quelles ont été vos motivations personnelles.

IKEDA. Ma propre expérience de la guerre a été une importante source de motivation dans mon engagement pour la paix. Durant la Seconde Guerre mondiale, le fléau de l'ultranationalisme a brisé la paix au sein de notre famille. Notre maison fut détruite par les raids aériens et mon frère aîné est mort au front. Bien que courageuse, ma mère s'effondra en apprenant sa mort. Par la suite, lorsqu'on nous remit ses cendres, elle s'assit, l'urne à la main, les épaules secouées de chagrin. Jamais je n'oublierai cette scène. Ainsi, j'ai appris dès ma jeunesse que, même si l'on peut dissimuler la vérité sous des tonnes de mensonges, la guerre est une folie et un terrible malheur.

Une deuxième source de motivation, apparue par la suite, est liée à l'esprit dont j'ai hérité de mes maîtres dans la vie. Au cœur même de la Seconde Guerre mondiale, Tsunesaburo Makiguchi (1871-1944), le premier président de la Soka Gakkai, et son disciple Josei Toda (1900-1958) – qui fut mon maître direct – s'efforcèrent de traduire en actions la philosophie de Nichiren (1222-1282), un maître bouddhiste japonais, qui mit l'accent sur la dignité de la vie. Les autorités militaristes jetèrent M. Makiguchi en prison, où il mourut. M. Toda fut lui aussi emprisonné, mais il survécut et perpétua la lutte pour la paix que son maître lui avait transmise en héritage. Je me considère comme l'héritier spirituel de M. Toda. Son profond désir était d'éliminer la misère du monde. Durant toute ma vie, je me suis consacré à la réalisation de cet objectif.

Une troisième motivation à mon engagement pour la paix est le sens de ma mission dans la société en tant que personne dotée d'une foi religieuse. Qu'elle soit directe ou structurelle, la violence engendre de grandes souffrances. Plutôt que d'être un observateur passif de la souffrance des autres, nous devons nous dresser et appliquer la doctrine bouddhique consistant à « ôter la souffrance pour apporter la joie ». Les actions bienveillantes allant dans ce sens représentent l'esprit même du bouddhisme mahayana. Nichiren, que nous révérons au sein de la Soka Gakkai, a enseigné cet esprit dans son *Traité sur l'établissement de la Loi correcte pour la paix dans le pays*[2]. Nous ne pouvons pas obtenir notre salut personnel si, par égoïsme, nous ignorons le malheur imposé aux autres par la menace de la violence. La guerre incarne la forme la plus inhumaine de ce type de menaces.

UNGER. Les fondateurs de la Soka Gakkai, notamment le deuxième président, Josei Toda, se sont engagés activement pour la paix durant la Seconde Guerre mondiale, ce qui leur a valu bien des souffrances personnelles et la privation de liberté. Tel a été le point de départ du fervent engagement de la Soka Gakkai en faveur de la paix et d'un monde libéré des armes nucléaires. J'éprouve le plus grand respect pour la tâche entreprise par votre mouvement

IKEDA. La détermination de M. Toda à faire interdire les armes nucléaires et sa déclaration selon laquelle tout ce qui met en péril le droit inviolable à la vie des êtres humains est tout à fait monstrueux constituent le testament qu'il a transmis aux jeunes pratiquants de ma génération et à moi-même. Les armes nucléaires ont le pouvoir de détruire la vie dans sa totalité – c'est-à-dire l'humanité, mais aussi l'ensemble de notre système écologique. Il faut que toute l'humanité prenne conscience de ce péril. Dans cet objectif, une partie de notre tâche a consisté à organiser deux expositions, *Les armes nucléaires – une menace pour l'humanité* et *Les armes nucléaires – une menace pour notre monde*, que nous avons présentées dans vingt-quatre pays et trente-neuf villes, notamment en Chine, dans l'ex-Union soviétique, au siège des Nations unies à New York et à Vienne, la capitale de votre pays.

2. *Les Écrits de Nichiren*, Soka Gakkai, 2019, p. 6.

Pour promouvoir les échanges culturels, nous avons aussi organisé diverses autres expositions à Vienne, notamment *Laques et céramiques d'Orient*, *Les trésors de l'art japonais*, *Le monde du Sûtra du Lotus : manuscrits bouddhiques sur la Route de la soie*, ainsi qu'une exposition de mes photographies personnelles intitulée *Dialogue avec la nature*, qui a été présentée deux fois à Vienne ainsi qu'au Musée national de Hongrie, grâce au soutien apporté par votre académie. Je tiens à vous exprimer de nouveau ici toute ma gratitude.

UNGER. J'ignore quelles étaient précisément vos intentions, mais voici comment j'ai interprété vos objectifs en tant que photographe. Selon vous, l'être humain fait partie intégrante de la nature, et la voie qu'il suit ne peut être juste que s'il reste ancré dans cette nature. Voilà ce que révèlent de façon symbolique vos photographies de paysages, et c'est tout à fait fascinant. On peut y voir la nature dans son état premier, la nature cultivée et des jardins entièrement composés par la main de l'être humain.
Vos photographies témoignent non seulement de la possibilité d'une coexistence pacifique avec la nature, mais aussi d'une coexistence pacifique entre êtres humains s'appuyant sur les liens naturels qui les unissent.
Malgré cette potentialité, l'être humain est cependant également capable d'opprimer la nature et de détruire les sources mêmes de la vie. Dans votre ouvrage *La vie à la lumière du bouddhisme*[3], vous expliquez très bien cela du point de vue de la tradition bouddhique.

IKEDA. Dans ce livre, j'examine en effet les relations entre la nature et l'humanité. Selon la conception bouddhique, la loi fondamentale de l'univers se manifeste à travers toutes les formes de vie – l'humanité, la nature non humaine et les étoiles au firmament. Les formes de vie individuelles ne sont pas des éléments isolés, mais font partie intégrante de

3. L'Harmattan, 2015.

l'énergie vitale du cosmos. En d'autres termes, la partie est le tout et le tout est la partie. Les êtres humains et la part non humaine de la nature relèvent de la même énergie vitale. Chaque forme de vie a une individualité propre et représente le tout d'un point de vue symbiotique et cosmique ; toutes les formes de vie sont intégrées les unes dans les autres. C'est pourquoi détruire la nature, c'est détruire l'humanité. Le bouddhisme ne peut en aucun cas approuver la destruction de la nature par l'être humain ni son exploitation pour satisfaire avidité et égoïsme. C'est pour cela que les bouddhistes considèrent la destruction de l'environnement, les ravages sociaux sous la forme d'une violence toujours plus prégnante et de l'extrême pauvreté, ainsi que l'annihilation de la spiritualité à cause de l'hypertrophie de l'ego, comme relevant tous d'une même cause profonde.
L'Académie européenne des sciences et des arts, que vous avez fondée avec le soutien de dirigeants et d'intellectuels européens, partage le même point de vue que la SGI sur de nombreux sujets. Grâce à des dialogues interculturels et interreligieux, elle tente de restructurer les relations entre les êtres humains et la spiritualité et entre la société et la nature. Je suis fier de participer à la noble mission de votre académie en tant que membre honoraire.

UNGER. Vous jouez un rôle actif en menant des dialogues avec des personnalités du monde entier. La fonction de membre honoraire est conférée par notre académie aux personnes d'action comme vous. À travers ma profession, en tant que chirurgien cardiaque, je comprends l'importance de la détermination, de la volonté et de l'action qui s'expriment en toute liberté, à partir d'une longue réflexion philosophique.

L'influence des parents

IKEDA. Permettez-moi maintenant de vous poser quelques questions. Vous êtes le président de l'Académie européenne des sciences et des arts, un chirurgien cardiaque renommé et un penseur émérite. J'imagine que vous avez bénéficié de l'instruction de certaines personnes soit dans votre spécialité professionnelle, soit dans votre vie privée, et que vous avez envers elles un profond respect. Pouvez-vous en citer quelques-unes ?

UNGER. Deux de mes oncles étaient d'excellents enseignants, qui exercèrent une forte influence sur moi dès ma petite enfance. L'un était le comte Karl von Arco, un représentant d'une des plus anciennes familles d'Autriche. Il m'apprit à réfléchir quelles que soient les circonstances et à agir face aux difficultés. L'autre était le Pr Gernot Eder, qui m'apprit à penser de façon scientifique, analytique, métaphysique et inclusive. Par la suite, j'ai aussi pu bénéficier des conseils avisés d'un formidable chirurgien cardiaque, qui fut pour moi un mentor.

IKEDA. J'imagine combien tous ces liens humains ont été précieux pour vous. Je vois qu'ils ont enrichi votre jeunesse et contribué à votre grand développement intellectuel. Votre père était un célèbre peintre et le président de l'école des arts appliqués de Vienne. Quels sont les plus beaux souvenirs que vous gardez de lui ? Et votre mère, quelles sont les leçons que vous avez retenues d'elle, qui restent le plus fermement ancrées dans votre cœur ?

UNGER. J'apprécie que vous m'interrogiez sur mes parents aujourd'hui disparus. Mon père était un peintre doté d'un regard très pénétrant. Il pouvait saisir parfaitement un paysage et le représenter avec des couleurs magnifiques – comme vous le faites avec vos photographies.

IKEDA. Vos parents ont vécu l'un et l'autre les deux guerres mondiales et la période agitée de l'*Anschluss*[4], au temps de Hitler, où l'Allemagne et l'Autriche fusionnèrent.

---

4. 12 mars 1938 : annexion de l'Autriche par l'Allemagne.

UNGER. Oui, tous deux étaient très jeunes au moment de l'*Anschluss*. Mon père dut partir à la guerre, mais mes deux parents purent survivre au conflit.
Mon père s'exprimait de façon claire et très précise. Il faisait aussi preuve d'une grande franchise. J'ai ainsi appris l'importance de s'exprimer de façon pertinente et juste dans les époques troublées comme celle que nous connaissons aujourd'hui. J'imagine que lui-même tenait cela de son propre père, qui était architecte. Ma famille m'a enseigné que l'argent n'est pas tout et que mener une vie juste est primordial. Ma mère était une personne chaleureuse et optimiste, dotée d'un esprit large. Elle m'a appris à ne jamais avoir peur. Quels que soient les problèmes auxquels elle était confrontée, elle disait toujours : « Ce n'est rien ! On va bien trouver une solution ! »

IKEDA. Vos parents étaient des personnes magnifiques, de remarquables philosophes qui vous ont enseigné la voie du bonheur. Je sens en eux la grande lumière de la foi. La véritable éducation consiste à éveiller les esprits afin qu'ils luttent pour la justice. Fondée en 1990, l'Académie européenne des sciences et des arts est devenue une organisation comportant 1200 intellectuels originaires d'une cinquantaine de pays d'Europe, d'Amérique du Nord et du Sud, du Moyen-Orient et d'Asie. Le roi Juan Carlos d'Espagne est l'un de ses mécènes. Vaclav Havel, l'ancien président de la République tchèque et Mikhaïl Gorbatchev, l'ancien président d'Union soviétique, en sont des membres honoraires. J'ai eu l'honneur de rencontrer toutes ces personnalités. Il existe traditionnellement des académies dans toute l'Europe. Pourquoi avez-vous décidé d'en créer une nouvelle ?

UNGER : L'Académie européenne des sciences et des arts a été fondée pour répondre à l'ensemble des problèmes contemporains. Ses créateurs ont pris conscience que l'image de la science s'était éloignée de l'être humain pour se pencher de façon trop unilatérale sur la matière. Nous avons ressenti que, en laissant le matérialisme prendre l'ascendant sur la science et sur la société, l'humanité s'écartait de ses qualités essentielles et connaissait une dégénérescence métaphysique, ce qui menaçait d'altérer la nature humaine. C'est ce type de préoccupation qui a motivé la création de l'Académie. Les sciences humaines sont à l'origine ancrées dans l'humanité. Or, la tendance au matérialisme nie les aspects spirituels. Un phénomène similaire se produit dans le domaine de l'économie. Plutôt que de servir les besoins humains – y compris les besoins spirituels –, la science se détache de l'humanité et l'opprime. Notre académie a une approche de la science qui repose sur une perspective différente.

Les relations humaines constituent un triangle harmonieux, qui comporte les relations avec la nature, les relations entre êtres humains, et les relations avec le spirituel. Ces trois éléments orientent l'existence humaine et cette orientation facilite notre aptitude à résoudre les problèmes de l'existence. L'ensemble de ces trois relations est essentiel et aucune ne doit être mise au-dessus des autres. Les sciences qui prennent la nature comme thème – les sciences naturelles et les disciplines technologiques – doivent être complétées par un savoir social et spirituel. Cela est vrai aussi pour les sciences qui traitent des relations entre êtres humains – des sciences sociales à la linguistique, en passant par le droit, l'économie et la politique. La psychologie et la médecine établissent un pont entre les sciences naturelles et les sciences sociales et les relient à ces domaines purement spirituels que sont la philosophie, l'art et la religion.

IKEDA. En d'autres termes, les êtres humains doivent occuper le centre de votre triangle harmonieux, qui comporte les sciences naturelles, les sciences sociales et les humanités. Autrement dit, les êtres humains n'existent pas pour la science ; c'est la science qui existe pour les êtres humains. Vous avez dit dans un discours à l'université Soka : « Nous devons permettre aux sciences d'œuvrer ensemble pour former un réseau incluant tous les aspects de la vie [...] Il est impératif que la science développe une approche philosophique transdisciplinaire. » Que fait concrètement votre académie dans ce domaine ?

UNGER. L'Académie met au point divers projets pour le présent et les prochaines années en lien avec la problématique d'une société durable et les recherches de ressources en eau.
Un de nos grands projets a consisté à créer un institut de médecine. Nous pensons que, en Europe, un capitalisme de plus en plus brutal, des autorités publiques grotesques, la bureaucratisation des hôpitaux et des politiques ineptes ont engendré un système de soins médicaux à deux vitesses. Les riches peuvent s'offrir des soins médicaux ; ceux qui n'ont pas d'argent ne peuvent compter que sur eux-mêmes. En tant que médecin, je trouve cette situation intolérable.
Nous avons fondé l'Institut de médecine dans l'espoir d'œuvrer ensemble avec le Parlement européen et l'Organisation de coopération et de développement économique (OCDE) pour développer un nouveau système de santé. Nous ne devons pas nous satisfaire de petites corrections pratiques – pour ne pas dire superficielles –, mais aller vraiment au fond du problème. Il est clair pour tous mes collègues de l'Académie que la médecine contemporaine s'est trompée sur la nature même de son existence.

IKEDA. Que voulez-vous dire par là ?

UNGER. Son fort penchant vers les sciences naturelles a amené involontairement la médecine à considérer les patients comme des cas que l'on peut appréhender pour l'essentiel avec des termes liés aux sciences naturelles. Le patient devient une anomalie qu'il faut traiter comme d'autres anomalies sociales – par exemple, la criminalité. Il s'ensuit un appel à l'implication des autorités, puisque le patient, en tant qu'anomalie, correspond à un coût potentiel et que les coûts doivent être minimisés. Ainsi, le patient ne devient plus qu'un objet sur lequel la médecine et l'État exercent leur action, et la médecine s'éloigne alors radicalement de sa véritable raison d'être, qui est de servir exclusivement les intérêts du patient et sa santé.

IKEDA. Selon vous, les médecins perdent donc de vue l'essentiel, à savoir que la médecine est faite pour le bien des patients. Ils multiplient les spécialités et adoptent le point de vue réducteur selon lequel l'accumulation de recherches dans des domaines bien délimités leur apportera une vision holistique. Ce phénomène observable dans la médecine occidentale est perceptible dans l'ensemble des sciences naturelles. N'étudier que des parties spécifiques, perdre de vue le patient dans son ensemble, et considérer les patients non comme des êtres humains mais comme des cas – des anomalies, pour reprendre votre terme – peuvent en un sens être inévitables puisque la médecine occidentale moderne s'est développée dans le cadre des sciences naturelles. Mais une telle approche tend à négliger la vie de l'être humain.

Dans un dialogue que nous avons mené ensemble, l'historien britannique Arnold J. Toynbee (1889-1975) a dit qu'« il semble à peu près impossible qu'un médecin soit compétent, spirituellement et éthiquement parlant, s'il n'a pas une conception religieuse et philosophique et donc une attitude réfléchie, quant à la vie humaine et à l'univers dans lequel l'humanité se trouve[5] ».

La réforme de la médecine ne peut pas s'accomplir dans le seul cadre médical. Elle exige l'aide de la religion, de la philosophie, de l'éthique, de la politique, de l'économie et de la sociologie.

La médecine se préoccupe directement de la vie humaine dans sa totalité. C'est pour cela que, en tout premier lieu, il faut veiller à ce qu'elle inclue le triangle prôné par votre académie : sciences naturelles, sciences sociales et humanités.

---

5. Arnold J. Toynbee et Daisaku Ikeda, *Choisis la vie – Un dialogue*, L'Harmattan, 2009, p. 104.

Le dialogue entre philosophie, religion et sciences naturelles

UNGER. Une autre activité de notre académie consiste à rechercher des éléments communs fondamentaux entre les divers domaines de savoir. Nos philosophes et experts en sciences naturelles sont très engagés dans ce sens. Découvrir des dénominateurs communs est la plus noble tâche de la science. En tant que science qui implique les conséquences sociales, éthiques et anthropologiques les plus radicales dans le monde contemporain, la génétique offre ici de puissantes suggestions. En ma qualité de médecin, je me soucie de savoir où la vie commence et s'achève. Dans ce domaine, la génétique joue un rôle significatif.

IKEDA. Pour l'essentiel, le bouddhisme est une recherche portant sur les questions fondamentales de la vie et de la mort et sur la façon de traiter les souffrances qu'elles engendrent. Shakyamuni et Jésus ont comparé l'un et l'autre leur rôle de sauveur à celui d'un médecin. Dans les écrits bouddhiques, Shakyamuni est présenté comme le Grand Guérisseur ; c'est-à-dire le médecin de la vie elle-même. Puisque la maladie est une manifestation des activités de la vie, la sagesse provenant de la religion et les sciences médicales doivent se soutenir mutuellement. Le dialogue entre sciences médicales et religion est indispensable pour affronter les questions concernant le génie génétique et l'éthique de la vie. J'aimerais revenir par la suite avec vous sur ce point, en vous demandant d'évoquer votre riche expérience de chirurgien cardiaque.

UNGER. La nécessité du dialogue ne se limite pas aux disciplines académiques. Aujourd'hui, alors que les informations sont de plus en plus nombreuses et se transmettent de plus en plus vite, le dialogue devient plus essentiel qu'il ne l'a jamais été auparavant. Que cela plaise ou non – qu'on en ait ou non conscience –, les cultures sont en interrelation. Et cela permet des échanges plus intenses. Le plus excitant, dans les discussions intercontinentales, c'est qu'elles nous permettent de comparer nos propres modes de pensée traditionnels avec ceux des autres peuples. Ces comparaisons, lorsqu'on y réfléchit sérieusement, révèlent toujours plus de points communs que de différences. Je pourrais aller jusqu'à dire que nous pouvons réaffirmer que nous sommes identiques par bien des aspects.

IKEDA. Je suis entièrement d'accord. Grâce au dialogue, les êtres humains élevés dans différentes traditions philosophiques devraient s'efforcer de découvrir davantage les éléments communs entre eux que les différences. Jusqu'à présent, je me suis engagé dans plus de 1 600 dialogues avec des dirigeants et des penseurs aux origines religieuses et philosophiques différentes, notamment le christianisme, l'islam et l'hindouisme. J'ai ainsi acquis la conviction qu'il est possible de former des liens d'amitié significatifs avec des personnes provenant de tous les horizons spirituels. C'est de là que je tire mon inébranlable confiance dans l'humanisme universel. Cela s'applique au dialogue interreligieux. À travers leurs longues histoires, les religions mondiales partagent beaucoup d'éléments essentiels. En avril 2002, j'ai rencontré Abdurrahman Wahid, l'ancien président d'Indonésie et le responsable de la plus grande organisation islamique de ce pays. Nous avons l'un et l'autre reconnu que toutes les religions sont faites pour le bonheur de l'humanité et que, sans faire de compromis sur leurs doctrines, elles devraient coopérer au nom de la paix[6].

UNGER. Oui. Même si elles diffèrent sur certains points, toutes les religions partagent le même espoir de paix pour l'humanité.

IKEDA. Au Sommet du millénaire des Nations unies, à l'automne 2000, le président Wahid a déclaré que le dialogue

---

6. De cette rencontre est issu un dialogue publié en 2018 aux éditions L'Harmattan sous le titre *La Sagesse de la tolérance*.

amène une dimension humaine, quels que soient les origines ethniques, les différences culturelles ou l'arrière-plan historique, et ouvre la voie à la promotion de valeurs communes et à un engagement pour une culture de paix et d'harmonie à l'échelle mondiale.
Le dialogue est le meilleur moyen pour nous aider à découvrir notre humanité commune et revenir aux valeurs humaines universelles.

UNGER. En tant que médecin, je trouve que les êtres humains présentent d'extraordinaires similitudes sur le plan physiologique. Mais, malgré ce socle commun, nous mettons en avant des différences culturelles et religieuses pour en faire une source de violence. Au regard de nos similitudes physiques, n'est-il pas insensé de faire des différences culturelles et religieuses des motifs de conflits majeurs ?

IKEDA. L'identité physiologique est un élément fondamental d'égalité entre les êtres humains, qui transcende tous les groupes ethniques. La génétique a récemment démontré que les différences déterminées par l'ADN entre une personne et une autre ne représentent pas plus de 0,1 %. Mieux encore, comme l'a déclaré à maintes reprises M. S. Swaminathan, agronome indien de renommée mondiale et ancien président des conférences Pugwash, les êtres humains et les plantes se ressemblent beaucoup d'un point de vue génétique. En bref, il est parvenu à la conclusion que la génétique moderne confirme l'unité de toutes les formes de vie sur Terre.

UNGER. La connaissance scientifique nous incite à rechercher des éléments communs et des ressemblances sur les différents continents et dans les différentes cultures et religions.

Les dialogues interreligieux constituent une lutte spirituelle

UNGER. Le dialogue sert à élargir notre horizon en attirant notre attention sur l'expérience des autres. Mais il est plus difficile à réaliser dans un cadre religieux que dans le cas des sciences naturelles. Dans les sciences naturelles, les mesures peuvent apparaître comme des bases fiables. Un kilogramme de pain correspond toujours à un kilogramme de pain. Mais la nourriture spirituelle ne peut être aussi facilement comparée. Bien qu'elle n'ait pas moins d'importance que le pain, qui peut être pesé avec précision, il n'est pas facile de la mesurer et d'en évaluer la valeur. À force d'accorder tant de crédit à la nourriture physique, le matériel a pris le dessus sur le spirituel jusqu'à engendrer, en définitive, un capitalisme marqué par une dégénérescence métaphysique de l'humanité. C'est ainsi qu'un moyen est devenu un but en soi. J'élève ici des objections parce que le capital ne doit pas être considéré comme une jauge permettant de mesurer la valeur de la vie.

IKEDA. L'Académie européenne des sciences et des arts a organisé un cours sur le dialogue entre bouddhisme et christianisme comme moyen de contrecarrer le matérialisme et a publié des rapports à ce sujet en allemand et en anglais. Elle a aussi organisé des dialogues entre des représentants des quatre grandes religions, christianisme, islam, judaïsme et bouddhisme. Cette magnifique initiative aura à coup sûr une dimension historique. En réponse à votre demande, pendant trois ans, à partir de 1997, la SGI a participé à six symposiums organisés par l'Académie.

UNGER. En dépit des différences de systèmes de pensée entre sagesse bouddhique et révélation chrétienne, ces six symposiums ont permis d'établir des points communs entre les deux religions, qui peuvent servir à résoudre les problèmes auxquels est confrontée l'humanité. Nous devons bâtir des ponts.

Les points communs entre bouddhisme et christianisme

IKEDA. Christianisme et bouddhisme ont beaucoup de points communs. Tout d'abord, ce sont deux religions qui recherchent l'épanouissement de l'être humain. La compassion bouddhique et l'amour chrétien manifestent l'un et l'autre une quête du salut de l'humanité. La mission du bouddhisme est de sauver l'humanité par la compassion qui jaillit de la force de vie cosmique et se manifeste à travers les êtres humains. Face à l'oppression, Shakyamuni et ses disciples ont parcouru l'Inde dans toute son immensité pour soutenir les personnes ordinaires.

UNGER. Le christianisme enseigne l'amour de Dieu et s'efforce d'inculquer l'amour du prochain. Jésus-Christ et ses disciples ont été confrontés à des oppressions et à des épreuves en enseignant au peuple. Jésus a déclaré: « Mais je vous le dis, aimez vos ennemis et priez pour ceux qui vous persécutent. » (Mathieu, 5 :44) C'est ainsi qu'il enseigne l'amour de toute l'humanité.

IKEDA. Un deuxième point commun, c'est que christianisme et bouddhisme indiquent des chemins qui permettent de jeter la lumière sur la souffrance humaine et de mener les êtres humains au véritable bonheur. Le bouddhisme considère que l'ignorance fondamentale de la véritable nature de la vie est la cause essentielle de la souffrance. Le christianisme considère le péché originel comme la source de tous les malheurs. Tous deux mettent en avant la dimension éternelle de la vie. Ils exposent la cause des souffrances et prônent l'atteinte d'un bonheur authentique.

UNGER. Comme vous le soulignez, bien que le fondement philosophique sur lequel reposent leurs explications diffère, le christianisme et le bouddhisme traitent du même cheminement à travers la naissance, la vieillesse, la maladie et la mort.

IKEDA. Leur troisième point commun est qu'ils enseignent la dignité de l'humanité et de la vie à partir du sacré. Le bouddhisme enseigne que l'énergie vitale cosmique est inhérente à chaque vie individuelle sous la forme de l'état de bouddha dont la manifestation met en évidence la dignité de la vie et de l'humanité. Dans la civilisation mondiale de demain, cette dignité doit devenir le fondement de l'éthique et des critères de valeur.

UNGER. Selon la conception chrétienne, l'être humain tire sa dignité du fait d'avoir été créé à l'image de Dieu. En dépit de leurs différences, bouddhisme et christianisme possèdent des points de convergence, qui transcendent les problèmes actuels : par exemple, les droits humains, les systèmes de valeurs, et l'environnement planétaire.

IKEDA. Quand nous nous sommes rencontrés, en juillet 2001, vous avez proposé d'étendre les dialogues entre bouddhisme et christianisme aux quatre grandes religions mondiales, ce qui amenait à inclure le judaïsme et l'islam. J'étais entièrement d'accord. Des représentants de la SGI ont participé à la première de ces conférences élargies, programmée le 15 septembre 2001, juste après les attaques terroristes qui ont frappé de manière tout à fait inattendue les États-Unis.

UNGER. Ces attaques provoquèrent un grand choc. À l'origine, le thème de la conférence était l'éthique de la vie. Mais, au début de la réunion, j'ai dit que les attaques perpétrées quatre jours auparavant augmentaient le risque d'un conflit mondial. Dans ce contexte d'urgence, j'ai proposé que les représentants des quatre religions abordent le thème de la nature destructrice de l'être humain et de son agressivité. Et, après un débat très animé, ils parvinrent à un consensus selon lequel il fallait absolument éviter la vengeance par la force militaire et que le dialogue était la voie à suivre pour arrêter la guerre.

IKEDA. Je vous suis reconnaissant d'avoir su prendre à ce moment-là une aussi sage initiative. Je sais que le théologien et journaliste Norbert Göttler a exprimé l'idée que le bouddhisme peut faciliter le dialogue ente christianisme et islam. Renouvelées sur plusieurs années, ces conférences entre les quatre grandes religions ont produit des résultats positifs vraiment significatifs.

Coopérer pour s'épanouir

UNGER. En Europe, une très forte sécularisation, que l'on pourrait parfois qualifier d'excessive, marginalise la religion, et il en résulte que les Églises européennes n'ont plus la voix puissante qu'elles avaient autrefois. Je ne considère en aucun cas la sécularisation comme un mal. J'y vois même des opportunités. En contraignant les Églises à justifier leur raison d'être, beaucoup de dogmes du passé sont mis en échec. Ce n'est qu'en montrant qu'elles conduisent à une coexistence humaine harmonieuse que les Églises peuvent acquérir une légitimité.

IKEDA. Vous décrivez fort bien ce que nous devons exiger d'une religion au XXIe siècle. La ligne conductrice d'une religion devrait être l'empathie et l'esprit de coopérer pour surmonter les souffrances. Dans un écrit bouddhique, évoquant la cause de sa maladie, le pratiquant laïque Vimalakirti dit : « Je suis malade parce que tous les êtres humains sont malades, et mon mal ne cessera que le jour où tous les êtres seront guéris[7]. » Quant à Nichiren, il déclara lui aussi : « Les diverses souffrances endurées par tous les êtres vivants – toutes sont aussi les souffrances de Nichiren[8]. » L'esprit d'accepter les souffrances des autres comme les siennes est sûrement la

---

7. *Sûtra de la Liberté inconcevable – Les enseignements de Vimalakirti*, Fayard, coll. Trésors du bouddhisme, 2000, p. 83.

8. *The Record of the Orally Transmitted Teachings* (Les Enseignements oraux), Soka Gakkai, p. 138.

force motrice qui peut favoriser aujourd'hui les dialogues interreligieux et permettre de surmonter les différences et de bâtir une société symbiotique.
J'ai discuté avec Aurelio Peccei, le cofondateur du Club de Rome, de l'éventualité d'une coopération mondiale en matière religieuse. Il a soulevé cette question pressante : « Toutes les grandes religions ont-elles réciproquement fait appel l'une à l'autre pour travailler et apprendre ensemble comment guider la population mondiale hors de ses difficultés actuelles vers le salut sur terre avant qu'il ne soit trop tard[9] ? »

UNGER. Quels sont, selon vous, les principaux objectifs du dialogue interreligieux aujourd'hui ?

IKEDA. Je ne peux que répéter ici ce que nous avons déjà évoqué, à savoir : premièrement, les religions devraient promouvoir la compréhension mutuelle. C'est la première étape en matière de tolérance. Si, tout en maintenant leurs systèmes distinctifs de croyance et de philosophie, les religions essaient de se comprendre mutuellement, elles pourront découvrir bien des idées qu'elles partagent en commun.

UNGER. Nous avons déjà évoqué les éléments communs entre christianisme et bouddhisme.

IKEDA. En effet. Le deuxième objectif du dialogue entre confessions différentes devrait être de permettre aux religions d'apprendre les unes des autres et d'en tirer des leçons pour mieux se développer. Toutes les religions doivent grandir en interaction avec les autres philosophies et religions, l'esprit du temps et la situation du monde.
Le troisième objectif est, selon la formule d'Aurelio Peccei, que toutes les religions « fassent appel l'une à l'autre pour travailler et apprendre ensemble comment guider

---

9. Daisaku Ikeda et Aurelio Peccei, *Cri d'alarme pour le XXIe siècle*, PUF, 1986.

la population mondiale hors de ses difficultés actuelles ». Notre détresse présente peut être décrite à partir de trois types de relations – soit, comme vous l'avez souligné, les relations entre les êtres humains et la nature, des êtres humains entre eux, et entre l'humain et le spirituel. La première approche concerne donc les relations entre l'humanité et l'environnement naturel. Nous connaissons en effet actuellement une destruction de l'équilibre écologique, dont la manifestation la plus dramatique est représentée par le réchauffement climatique. Puis, vient le problème des relations entre êtres humains dans les domaines politique et économique, ce qui inclut notamment la question des armes nucléaires, des conflits et des guerres, les disparités économiques et la pauvreté, et les droits humains et le terrorisme. En lien direct avec ces problématiques, la troisième approche est liée au déclin spirituel de l'être humain et à l'effondrement qui se manifeste à travers des phénomènes tels que l'apathie, l'explosion de la violence, les maladies mentales chroniques et l'addiction aux drogues, notamment parmi les jeunes. Il faut aussi parler ici du contrôle éthique qu'il convient d'exercer sur les sciences de l'information et la génétique, qui connaissent actuellement un développement rapide.

Affronter les problèmes à l'échelle mondiale, avec une vision large de l'humanité, exige de s'appuyer sur des expériences et des connaissances provenant de nombreux domaines de savoir. La clé est de raviver la sagesse et la créativité pour faire pleinement usage de notre héritage intellectuel. Sur toutes ces questions, la religion a la mission de renforcer l'esprit humain et d'élever nos valeurs éthiques et morales.

UNGER. Vous avez décrit avec précision la façon dont la religion, avec la compréhension précise que vous en avez, peut aider à ouvrir la voie vers un monde pacifique dans lequel l'humanité et la nature bénéficient d'une reconnaissance égale. Il ne fait aucun doute que la religion permet cela.

IKEDA. La civilisation du XXIe siècle doit être une civilisation du dialogue comme l'a proposé mon ami, le professeur de Harvard, Tu Weiming. Le Pr Tu est engagé dans divers domaines. Ainsi, dans le cadre de « L'année du dialogue entre les civilisations » des Nations unies, en 2001, il a évoqué la civilisation confucéenne lors d'une rencontre du Panel des personnalités éminentes réuni par le secrétaire général Kofi Annan. Il a déclaré que le dialogue est un processus important pour éliminer les contradictions et les collisions interculturelles et il a insisté sur l'importance de reconnaître et respecter les valeurs et la situation spécifique des autres, mais aussi d'apprendre et de tirer des bienfaits mutuels de ces échanges. En prenant l'initiative de dialogues interreligieux, vous agissez en accord avec ses recommandations.

UNGER. Le dialogue interreligieux deviendra la pierre angulaire de la civilisation du dialogue. Notre discussion montre en soi que le dialogue et la coopération mutuelle entre toutes les religions sont possibles et répondent aux aspirations de toute l'humanité. Le dialogue entre christianisme et bouddhisme et entre les quatre grandes religions m'a déterminé à me joindre à vous pour que nous poursuivions ensemble notre réflexion sur la dignité de la vie, le respect de l'humanité et la paix.

CHAPITRE PREMIER

Religion et tolérance

IKEDA. La tolérance est une vertu cruciale et un grand sujet d'intérêt en cette époque de mondialisation et de nouvelles rencontres. Les améliorations rapides en matière de transport et de communication ont considérablement augmenté la possibilité et la fréquence des rencontres, jusqu'à un point qui était inimaginable dans le passé. Nous pouvons désormais connaître ceux qui sont devenus nos voisins dans notre village planétaire, et nous découvrons et apprenons à apprécier toutes sortes de cultures et de coutumes. Même si les différences sont parfois plus difficiles à accepter lorsqu'elles sont importantes, le monde tend de plus en plus à se rapprocher, et le résultat est que nous n'avons pas d'autre choix que de bien nous entendre avec nos nouveaux voisins. Dans de telles circonstances, la tolérance est essentielle. Mais le mot « tolérance » implique en soi plein de complexité et de connotations. Vous-même, vous n'avez pas ménagé vos efforts pour cultiver un esprit tolérant. Quel sens donnez-vous à la tolérance ?

UNGER. La tolérance est une notion à la fois très concrète et très personnelle. Elle naît des discussions avec les autres et présuppose une approche ouverte. C'est le processus par lequel je sors de moi-même pour parler aux autres. C'est un exemple d'arithmétique humaine, dans lequel un et un ne font pas deux, mais trois. Quand il y a un véritable échange d'opinions entre une personne et une autre, une nouvelle opinion, la troisième, émerge, ce qui donne un point de départ au développement des échanges.

Naturellement, l'esprit de tolérance rencontre des limites quand les relations entre personnes sont tendues. Mais il faut s'interroger sur ces limites.

La tolérance n'est en aucun cas une sorte de soutien spirituel apporté à quelqu'un d'autre. C'est une forme active de coexistence où je m'identifie aux autres êtres humains et éprouve un sentiment de responsabilité à leur égard. Les rencontres mènent à de plus grandes découvertes et apportent des contributions considérables à l'humanité. Chacun de nous doit son existence à la rencontre amoureuse entre deux personnes. D'un point de vue très symbolique, on peut dire que c'est là un autre exemple d'arithmétique humaine où un et un font trois.

IKEDA. Les rencontres élargissent notre individualité et enrichissent cultures et civilisations. Rencontrer une nouvelle personne, c'est en effet rencontrer un soi inconnu, ce qui produit une amélioration et une véritable transformation de l'une et l'autre des deux parties.

Mais, comme le révèle l'Histoire depuis les temps anciens, les rencontres peuvent être caractérisées par la tolérance et l'acceptation ou, au contraire, par l'intolérance et le rejet. Les rejets fondés sur l'intolérance aboutissent à des conflits et à la destruction, alors que la tolérance produit des effets positifs sous forme d'harmonie et de création. Pour reprendre votre image d'arithmétique humaine, on peut dire que un et un peut être égal à zéro, voire produire un résultat négatif, ou il peut être égal à trois, quatre, cinq et plus.

L'époque actuelle, qui offre des occasions de rencontres sans précédent, peut également engendrer des résultats sans précédent, aussi bien négatifs que positifs. Il est profondément préoccupant de voir des heurts liés à l'intolérance allumer les flammes de la guerre dans de nombreuses régions du monde. La tâche qui s'impose d'urgence consiste à faire de notre planète un lieu de tolérance.

Une nouvelle religion, le capitalisme

UNGER. Aujourd'hui, je perçois l'existence d'une nouvelle religion, la religion du capital. Même si le capitalisme n'engendre pas toujours le recours à la force, son langage dissimule sa dureté derrière des euphémismes. Ainsi, on parle parfois de laisser les gens libres de s'en aller alors qu'ils sont en fait renvoyés, ou l'on emploie le mot restructuration pour désigner une cessation d'activité ; il est même quelquefois question de flexibilité là où il y a en fait irresponsabilité. En dépit de ces circonlocutions, il y a bien peu de rapports entre le langage du capital et la tolérance. Ce langage durcit le cœur et plonge l'humanité dans le mépris. Naturellement, le capital est essentiel, mais seulement lorsqu'il va dans le sens du soutien de la vie. Comme le révèle la légende du roi Midas, le capital ne produit aucune nourriture. Tout ce que le roi touchait se changeait en or, mais il mourut parce qu'il ne pouvait se nourrir avec ce précieux métal.

IKEDA. Vue depuis le Moyen Âge, la société d'aujourd'hui apparaîtrait certainement incroyablement matérialiste, avec son culte du capital considéré comme un dieu. Croire de façon aveugle à l'omnipotence du marché se fonde sur la loi de la jungle. Les riches passent pour supérieurs aux pauvres et, puisque ces derniers sont considérés comme inférieurs, ils doivent se retirer de l'arène sociale. Il est préoccupant de voir à quel point cela peut rendre les gens cruels.
La mondialisation contraint tous les êtres humains à vivre ensemble dans un monde rétréci et bourré d'inégalités et d'injustices. Ceux qui sont rejetés en raison de l'indifférence des autres développent inévitablement de profondes rancunes. Les actes terroristes représentent bien évidemment le mal absolu et sont totalement inadmissibles. Mais la force des armes ne suffit pas à les éliminer. Mettre un

terme au terrorisme exige de nous que nous créions une société caractérisée par l'empathie à l'égard des peines et des souffrances des autres. Nous devons inculquer le sens de la compassion dans nos sociétés.

UNGER. Tout comme vous, je considère bien évidemment que rien ne saurait justifier des agressions coûtant tant de vies humaines. Mais nous devons faire preuve d'autocritique et ne pas simplement nous autoglorifier. Nous devons nous demander comment atténuer la terrible haine suscitée par la culture capitaliste. Cette haine s'enracine dans la façon dont notre système économique soumet peu à peu le monde entier et mine ainsi les valeurs morales des autres cultures. C'est ce qui explique pourquoi les attaques du 11-Septembre ont été dirigées contre un symbole majeur du capitalisme. Dans ce cas, la haine s'est combinée avec la ruse, l'exécution rationnelle et l'entêtement. L'Occident sait maintenant ce que l'on ressent lorsque l'on est pris pour cible et attaqué. À la lumière des événements dramatiques qui ont suivi le 11 septembre, le mot « tolérance » paraît bien doux et évoque mollesse et impuissance. Nous ne devons cependant pas nous résigner devant le destin, car cela reviendrait à renoncer à notre foi dans les valeurs spirituelles.

IKEDA. Je suis tout à fait d'accord. L'économie de marché moderne, avec son caractère absolu, n'est pas le seul système capable de survivre. D'autres sociétés, enracinées dans des traditions différentes, ont elles aussi un potentiel de développement sous des formes diverses. Pour découvrir ces potentiels intrinsèques, nous devons promouvoir l'esprit de tolérance aux quatre coins de la planète. Du point de vue du bouddhisme, l'esprit qui peut sous-tendre la diffusion d'une telle tolérance est la compassion.

Les chartes de la tolérance

IKEDA. La tolérance est en fait un défi fondamental au XXIe siècle. Dans l'esprit du dialogue interreligieux, en janvier 2002, l'Académie européenne des sciences et des arts a émis sa charte de la tolérance dont j'aimerais maintenant discuter. Elle proclame que la tolérance est le devoir de tous les êtres humains. Comment ce document a-t-il été élaboré ?

UNGER. On peut considérer que notre charte de la tolérance est le fruit de la nature multidisciplinaire et internationale de notre académie. Nos nombreux dialogues religieux ont montré que la coexistence était à la fois une vertu et une exigence pressante. Cette prise de conscience nous a amenés à créer un conseil pour élaborer une charte qui représente la philosophie de notre académie et en constitue en quelque sorte la voix. Elle a pour nous une grande signification culturelle. La Charte comprend deux parties : le préambule et six définitions. Le préambule est composé de trois paragraphes qui sont des réponses à l'état actuel de la société.

IKEDA. Dans le préambule, tel que je le perçois, il est dit que tout le monde doit respecter les différences et les valeurs des autres en les considérant comme précieuses en soi.

UNGER. Notre charte décrit une vie humaine soumise à des changements constants et considère que la rapidité et l'ampleur de ces changements sont caractéristiques de notre époque, mais, par ailleurs, la direction recherchée reste obscure. De surcroît, notre charte ajoute comme injonction l'appel à une culture de tolérance pour contrecarrer les diverses formes d'intolérance. Un individualisme croissant conduit beaucoup de gens à considérer leur vie comme absolue et à se montrer peu sympathiques avec les autres. La famille devrait être le noyau stable de la société humaine. Mais elle est aujourd'hui en péril et a de plus en plus de mal à jouer ce rôle. Nous rappelons donc à toutes les personnalités

officielles qu'elles ont pour responsabilité de donner à la tolérance la valeur d'un bien social. Nous nous sommes adressés à toutes sortes de personnes, quel que soit leur engagement religieux ou politique.
Il me semble que le préambule de la Charte de la SGI traduit ce qu'est l'humanisme bouddhique, n'est-ce pas ?

IKEDA. Tout à fait. La Charte de la Soka Gakkai internationale (SGI), émise en novembre 1995, indique nos idéaux essentiels. Il est dit dans son préambule :

> « Nous, organisations constitutives et membres de la SGI [...] déterminés à brandir la bannière de la citoyenneté mondiale, l'esprit de tolérance et le respect des droits humains sur la base de l'esprit humaniste du bouddhisme, et à affronter les problèmes mondiaux auxquels l'humanité est confrontée par le dialogue et les efforts concrets fondés sur un engagement constant en faveur de la non-violence, adoptons ici cette charte [...] »

L'esprit de tolérance est donc le fil conducteur. Viennent ensuite dix articles, qui présentent les objectifs et principes de la SGI. Le bouddhisme entend développer un humanisme universel, et la charte s'appuie donc fermement sur cet objectif. Nos pratiquants sont présents dans 190 pays et territoires, présence qui transcende les frontières nationales, ethniques et culturelles. Les diverses ethnies, cultures et religions des régions du monde où nous sommes présents ont à la fois un potentiel de tolérance et d'intolérance. Grâce à la stimulation apportée par un dialogue ouvert et une contribution constante à notre environnement, nous nous efforçons d'encourager la tolérance fondée sur la bienveillance. Nous croyons que la culture du dialogue apporte le terreau dans lequel l'humanisme universel peut s'épanouir sous ses diverses formes. La Charte de la SGI exprime notre serment, en tant que bouddhistes, d'encourager la paix et la symbiose. C'est dans cet esprit que je me suis engagé dans un dialogue avec des dirigeants et des penseurs aux origines religieuses et culturelles différentes, notamment des chrétiens, des musulmans et des hindous.

UNGER. Je vois. Et c'est bien pour cela que j'aspire à me joindre à vous dans la quête d'un esprit de tolérance pour parvenir à la paix.

Le préambule de notre charte de la tolérance est suivi de ces six définitions.

1. La tolérance est un engagement personnel à se dresser avec empressement pour défendre la dignité d'un autre être humain, quel qu'il soit.
2. La tolérance fait partie d'un système de valeurs qui met en avant la dignité humaine.
3. La tolérance fait appel à la capacité d'une personne à comprendre les autres et à respecter les différents types de comportement.
4. La tolérance s'appuie sur une ferme confiance en soi.
5. La tolérance sert à protéger la dignité et la liberté de chaque être humain au sein de l'environnement culturel qui est le sien.
6. La garantie et le développement constant de la tolérance devraient être considérés comme notre devoir commun et comme le fondement de toute éducation[10].

IKEDA. Je partage totalement l'esprit de tolérance exprimé dans ces définitions. Les articles que je vais vous présenter maintenant expriment ce qu'est l'esprit de tolérance selon la Charte de la SGI.

> « La Soka Gakkai internationale, fondée sur l'idéal de citoyen du monde, s'engage à veiller au respect des droits humains fondamentaux et à ne pas créer de discrimination entre les êtres humains, quelle que soit leur origine.

10. http : //www.euro-acad.eu/downloads/memorandas/charta_of_tolerance.pdf [paru le 5 décembre 2015]

En se fondant sur l'esprit bouddhique de tolérance, la SGI s'engage à respecter les autres religions, à dialoguer et à œuvrer avec elles à la résolution des problèmes fondamentaux auxquels l'humanité est confrontée.
La SGI s'engage à respecter la diversité des cultures et à promouvoir les échanges culturels ; afin de contribuer à la création d'une société internationale de compréhension mutuelle et d'harmonie.
La SGI s'engage à promouvoir la protection de la nature et de l'environnement en se fondant sur l'idéal bouddhique de symbiose.
La SGI s'engage à contribuer à la promotion de l'éducation, dans la recherche de la vérité aussi bien que dans le développement des connaissances, pour permettre à tous les êtres humains de cultiver leur caractère et de goûter des vies épanouies et heureuses. »

Comme le montrent tous ces éléments, la charte de la tolérance de votre académie et la charte de la SGI se rejoignent bien souvent dans leur approche de l'esprit de tolérance.

UNGER. Notre approche du dialogue est l'un de nos nombreux points communs. Tout dialogue sincère reflète l'esprit de tolérance exprimé par cette formule du Nouveau Testament « Et quiconque te force à faire un mille, fais-en deux avec lui. » (Mathieu, 5:41) Cette métaphore complexe se réfère à l'obligation faite à tous les juifs de l'époque d'accompagner un citoyen romain pendant un mille pour lui porter ses bagages. L'injonction du Christ à parcourir un second mille vise à préparer le terrain du dialogue, puisque partager la route pendant une plus longue distance donne aux deux parties l'occasion d'avoir un échange sur des sujets divers.
Vous vous inscrivez dans la tradition bouddhique et votre vision du monde diffère de la vision chrétienne. Néanmoins, pour nous chrétiens, les conceptions bouddhiques sont de plus en plus familières. Non que nous les acceptions entièrement, mais nous discernons en elles des éléments

profondément humanistes. Les traditions qui sous-tendent votre charte de la SGI et notre charte de la tolérance sont différentes. Nous n'associons pas la tolérance à notre tradition religieuse comme vous le faites. Nous sommes plus fortement séculiers. Cependant, nous sommes liés par des valeurs essentielles, et œuvrer ensemble permet de faire apparaître de nouveaux éléments.

IKEDA. Le contenu de la charte de la tolérance de votre académie devrait servir de modèle aux dirigeants de tous les pays. Surmonter l'intolérance est l'un des objectifs premiers des Nations unies, comme le déclare le préambule de sa charte : « [...] pratiquer la tolérance, [...] vivre en paix l'un avec l'autre dans un esprit de bon voisinage [...]. » En accord avec ce principe, les Nations unies ont organisé la Conférence mondiale contre le racisme, la discrimination raciale, la xénophobie et l'intolérance à Durban, en Afrique du Sud. Des représentants de la SGI ont participé avec enthousiasme à toutes les phases de la conférence, dès les étapes préparatoires. Mais, malgré les efforts internationaux de ce type, l'intolérance et la discrimination qui conduisent à la suppression des droits humains se révèlent difficiles à déraciner.

UNGER. Indéniablement, des phénomènes comme le racisme se dressent sur la voie de la tolérance. Pour vous et moi, les droits humains constituent le point de départ. Nous y reviendrons plus en détail un peu plus tard dans notre dialogue.

Monothéisme et intolérance

UNGER. Lorsque je réfléchis à l'intolérance dans le monde d'aujourd'hui, je suis terriblement attristé par les conflits inhumains qui ont cours au Moyen-Orient, berceau des trois grandes religions abrahamiques : judaïsme, christianisme et islam. Toutes les trois prônent la foi en un Dieu omnipotent reconnu par le patriarche Abraham, mais ont en réalité enterré son esprit. Pour moi, la tendance facile consistant à réduire au silence les approches qui pourraient remettre en question nos idées et nos initiatives porte l'intolérance en germe. Nous devons toujours nous méfier de l'intolérance qui peut se cacher derrière le masque de l'hypocrisie. Les jeux de pouvoir peuvent aisément être enrobés dans des formules apparemment humanistes.

IKEDA. Même si l'Histoire montre que le monothéisme est plus enclin à l'intolérance que le polythéisme, l'inverse se produit aussi. Les polythéistes peuvent faire preuve d'intolérance. Ce ne sont pas seulement les enseignements mais aussi les attitudes des croyants à l'égard de ces derniers qui déterminent l'intolérance ou la tolérance. Le shintoïsme, qui est la religion autochtone du Japon, est polythéiste. Quand il a été promu religion d'État et s'est associé à l'idéologie fasciste au XXe siècle, il a fait preuve de la plus terrible intolérance, ce qui fut une source de calamités pour les peuples d'Asie.
Durant la Seconde Guerre mondiale, Tsunesaburo Makiguchi, premier président de la Soka Gakkai, et Josei Toda, le deuxième président, refusèrent de vénérer les divinités shinto, ce qui leur valut d'être emprisonnés. Makiguchi est mort en prison ; Toda fut libéré au bout de deux ans. Bien qu'en apparence plus tolérants, en fonction de leur application et des attitudes de leurs croyants, les polythéismes peuvent aussi faire preuve d'une intolérance et d'une violence extrêmes.
Quant au bouddhisme, s'il est vrai qu'il n'a jamais généré de guerres de religion sanglantes et qu'il a été généralement tolérant, beaucoup de ses adeptes ont approuvé l'ultranationalisme au Japon et ont fait facilement des compromis et coopéré avec l'idéologie fasciste. Faute d'un esprit pacifiste suffisamment fort, des bouddhistes n'ont pas su résister au régime. Seuls quelques-uns, comme MM. Makiguchi et Toda, se sont dressés courageusement contre les autorités, en mettant l'accent sur la liberté de croyance, même si une telle prise de position leur valut d'être emprisonnés. La personne définit le principe.

Lorsqu'on regarde les choses de près, on constate que, bien souvent, les guerres présentées comme des conflits religieux proviennent en fait bien moins de causes inhérentes aux religions elles-mêmes que de conflits mus par des intérêts politiques et économiques. Nous voyons aujourd'hui des conflits historiques complexes et des antagonismes liés à des questions de profit résumés de façon simpliste en luttes religieuses du bien contre le mal. On peut dire de cette approche dualiste qu'elle est tout à fait abusive.

UNGER. Il faut toujours chercher à percevoir clairement si ce sont bien les opinions religieuses qui sont la cause d'un conflit donné. En effet, les parties en guerre peuvent avoir des sources religieuses différentes, mais cela ne signifie pas pourtant qu'il faut rendre la religion responsable du conflit qui les oppose.

IKEDA. C'est tout à fait exact. Par ailleurs, si un croyant fait preuve d'une violence extrême, cela ne justifie pas que l'on fasse preuve de suspicion et d'hostilité envers tous ses coreligionnaires.

UNGER. Puisque la religion possède une importance cruciale dans la vie, nous devrions tout faire pour qu'elle ne mène pas à l'intolérance. Mais l'Histoire peut nous faire douter de notre capacité à y parvenir. Ainsi, tout en enseignant l'amour du prochain, le christianisme est parfois intolérant, comme l'illustrent les croisades, la persécution contre les Juifs ou les prises de position sur l'avortement.

L'histoire de l'Occident est faite d'erreurs impardonnables. En justifiant les croisades, le pape Urbain III a assimilé les musulmans à des démons. Les croisés leur causèrent d'indicibles souffrances, engendrant ainsi des conflits entre l'Occident et le Moyen-Orient et rendant difficile la compréhension mutuelle. On présenta les personnes dotées de convictions différentes comme des démons. Dès lors qu'un parti se met à considérer l'autre avec animosité, tout est mis en place pour qu'éclatent des conflits multiculturels dans la société.

IKEDA. Cette diabolisation est la première étape vers la guerre. Dès lors que l'on en vient à considérer d'autres êtres humains comme n'étant pas égaux à nous et que, en niant leur humanité, on cesse de prendre en compte leurs souffrances et leurs peines, il devient possible de s'attaquer à eux et on peut leur causer des souffrances sans aucun scrupule. Ils sont considérés comme des entités abstraites dépourvues de toute individualité. Une fois que ce type d'attitude est fermement ancré, il est facile de mettre au point et de développer des plans belliqueux. Les théories sur le choc des civilisations, comme les comportements haineux envers les civilisations arabe et chinoise, engendrent ce type de risques.
Notre planète doit beaucoup à la culture islamique. En important du monde musulman ce qui était à l'époque à la pointe des sciences naturelles et d'autres disciplines, l'Europe chrétienne a pu jouir de ce que l'on a appelé la Renaissance du XIIe siècle, qui a donné naissance à l'Europe moderne. Il est important que la société internationale ait clairement conscience des grands bienfaits apportés par la civilisation islamique.

UNGER. Que pensez-vous de l'idée selon laquelle la religion, par sa nature même, engendre l'intolérance ?

IKEDA. Vous abordez là une question importante. Fondamentalement, je ne crois pas que la religion puisse constituer en soi une menace contre la tolérance. La mise en cause de cette tolérance n'est pas intrinsèquement religieuse, mais provient d'un entremêlement complexe de conflits politiques et économiques. La religion doit lutter contre cela afin d'établir un consensus populaire autour de la tolérance.
Cette question de la religion face à la tolérance et à l'intolérance exige de se pencher sur la nature et les objectifs mêmes

de la religion. Son rôle est de guider les êtres humains vers une vérité éternelle et universelle. De ce fait, toutes les religions devraient en définitive intégrer l'état d'esprit qui consiste à promouvoir le bonheur humain. Une religion nie sa nature même lorsqu'elle devient intolérante à l'égard des autres et étroite d'esprit.

UNGER. Tout au long de l'Histoire, les croyants de certaines religions ont promu l'intolérance à cause de leur propension à se proclamer détenteurs d'une vérité unique qui ne saurait être remise en cause.
C'est toujours vrai aujourd'hui. Certains sont même convaincus que l'intolérance est primordiale et synonyme de force, alors que la tolérance, qu'on lui oppose, serait une notion culturelle apparue ultérieurement.

IKEDA. La foi religieuse conduit à croire fermement dans la vérité telle qu'on la perçoit dans sa religion. Mais laisser cette foi dériver vers l'intolérance, l'exclusivisme et l'étroitesse d'esprit va à l'encontre de la nature de la religion qui est de faire apparaître la vérité. En fait, les personnes ayant une foi religieuse devraient se servir de leur sagesse pour révéler la vérité et rivaliser les uns avec les autres dans la quête du véritable bonheur pour les êtres humains. La découverte dans d'autres religions de vérités également perçues dans la nôtre renforce notre sentiment d'être sur une voie juste. En revanche, rejeter en bloc les vérités inhérentes aux autres religions peut créer une faille dans notre propre croyance.

UNGER. Sur ce point, les considérations développées dans l'Europe des Lumières peuvent se révéler utiles. Les penseurs des Lumières étaient convaincus que le but ultime de l'humanité était de se servir de la raison pour dénoncer et rejeter l'attachement inconditionnel à des absolus. En Autriche, l'empereur Joseph II est intimement lié à ce débat, lui qui promulgua un édit de tolérance pour promouvoir la tolérance religieuse.

IKEDA. L'empereur Joseph II, qui a été le protecteur de Mozart, est connu pour ses réformes radicales, qui ont donné de lui l'image d'un souverain éclairé, tourné vers le progrès.

UNGER. Il ne faut pas oublier que la monarchie austro-hongroise a été le premier régime à reconnaître officiellement l'islam et ce, dès le XIXe siècle

IKEDA. L'Autriche était un bon exemple de la richesse culturelle qui découle d'une attitude tolérante. En accueillant les talents issus de peuples de toutes les religions et origines ethniques, l'Autriche a fait de la capitale impériale, Vienne, le berceau d'un savoir et d'un art nouveaux. Parmi les souverains des Habsbourg, plusieurs étaient des amoureux du grand art, comme l'empereur Maximilien Ier. On dit même que l'un des préceptes de la dynastie des Habsbourg est que la harpe est plus puissante que l'épée.
Une profonde compréhension culturelle stimule l'établissement d'une atmosphère de tolérance. En outre, depuis les temps anciens, l'esprit humain a créé des cultures qui prennent leurs sources dans la religion. C'est pour cela que la tolérance envers les autres cultures est intimement liée à la tolérance envers les autres religions et les autres peuples. Si je peux me permettre une digression, je ne peux m'empêcher de penser ici à la venue de l'Opéra d'État de Vienne au Japon en 1980, à l'invitation de l'Association des concerts Min-On. Ce fut un événement inoubliable pour moi, en tant que fondateur de cette association.

UNGER. Ce fut en effet un grand événement historique. En Europe, la tolérance est souvent considérée comme un idéal philosophique plutôt que religieux. Est-ce également le cas au Japon ?

IKEDA. En Occident, on considère que la tolérance est un idéal philosophique. Selon la tradition, dans la langue anglaise et dans les autres langues occidentales, les mots signifiant « idéaux » et « idées » représentent des concepts philosophiques. Plus récemment, avec la progression de la sécularisation, les réponses théologiques traditionnelles aux questions existentielles ont perdu leur pouvoir de convaincre, ce qui a engendré en philosophie l'existentialisme, né avec Sören Kierkegaard (1813-1855).

En revanche, les Japonais n'ont pas de philosophies qui, comme celles de l'Occident, recherchent des idéaux éternels et universels. Par conséquent, se demander si la question de la tolérance relève de la religion ou de la philosophie soulève des problèmes. La religion étant en Orient une philosophie de l'humanité, de la vie, et une pratique concrète, tout problème philosophique est tout naturellement considéré comme étant de nature religieuse. Dans la mesure où la tolérance est essentielle à la coexistence harmonieuse, elle doit être guidée par la religion.

Je trouve cela dans la philosophie bouddhique qui prône la dignité de la vie, l'égalité de tous les êtres humains et le respect de l'humanité. De ce point de vue, l'exemple du bodhisattva Jamais-Méprisant, qui apparaît dans le Sûtra du Lotus, est particulièrement instructif. Jamais-Méprisant vénérait la valeur suprême – c'est-à-dire l'état de bouddha – inhérent à chaque être humain. Mais, paradoxalement, n'ayant pas conscience de l'existence de cet état de bouddha dans leur vie, ceux-là mêmes qu'il vénérait le méprisaient et le persécutaient en retour. Néanmoins, il conserva la même attitude jusqu'à ce qu'ils s'éveillent finalement à leur dignité suprême.

UNGER. La tâche essentielle de la religion est de rendre aux êtres humains le sens de leur propre valeur, que ce soit par la prière, la méditation, le jeûne ou l'introspection. S'éveiller à nouveau à notre propre valeur par la pratique religieuse peut être le fondement d'une coexistence harmonieuse durable.

IKEDA. Oui. Une personne qui a profondément conscience de la dignité de sa vie respecte la vie des autres et œuvre avec eux pour manifester pleinement ses qualités personnelles et devenir le pionnier d'une vie de valeur.

UNGER. Inciter au conflit est contraire à la nature de la religion. Fondamentalement, la religion devrait montrer à l'humanité la voie de la liberté et le refus du mal dans la perspective d'une coexistence juste. Les religions se préoccupent de lutter contre le mal chez les êtres humains et, dans le christianisme par exemple, de préparer ces derniers au salut. Ceux qui recherchent le salut ne doivent jamais avoir recours à la force.

IKEDA. Comme vous l'indiquez, les religions mondiales qui servent de fondement aux grandes civilisations adoptent toutes essentiellement des idéaux de paix et de coexistence et peuvent potentiellement beaucoup contribuer à concrétiser ces idéaux. Le Pr Majid Tehranian, qui est d'origine iranienne, dirige l'institut Toda pour la paix et pour une politique prospective, dont je suis le fondateur. Il évoque lui aussi ce grand potentiel dans son commentaire sur ce que signifie le *jihad* pour un musulman. Il précise que l'on présente parfois le *jihad* comme étant « la guerre sainte » dans l'islam mais, au sens le plus strict, le *jihad* qui s'appuie sur la force armée est extérieur et mineur. En revanche, le *jihad* intérieur est un processus de purification spirituelle grâce auquel le mal qui réside en nous, par exemple sous la forme de l'avidité et de la haine, est surmonté. C'est cela que l'on appelle le grand *jihad*. Le Pr Tehranian souligne aussi que, dans l'islam, il est enseigné que l'usage de la force ne peut être autorisé que dans un cadre d'autodéfense.

UNGER. La tolérance est profondément ancrée dans les traditions chrétiennes et abrahamiques et est dans une large mesure considérée comme un devoir dans les religions issues de ces traditions. À ce propos, on notera avec intérêt que les trois concepts clés de la Révolution française – liberté, égalité et fraternité – sont des aspects de la tolérance. Cela a causé des difficultés à l'Église – tout particulièrement à l'Église catholique romaine – lorsqu'elle a été contrainte de prendre position face aux idéaux de la Révolution. La tolérance ancrée dans la tradition chrétienne et la liberté sont à l'évidence très liées l'une à l'autre.

IKEDA. Il est difficile d'avoir une vision complète et tout à fait juste de la Révolution française, mais elle constitua en tout cas une étape majeure vers la liberté humaine. De ce point de vue, vous considérez, si je comprends bien, que, pour l'Église catholique romaine, cet événement peut être perçu comme une manifestation de la vertu de tolérance apportée par Dieu. En tout cas, nous devons continuer à promouvoir un dialogue ouvert entre les religions pour évoquer et renforcer cette vertu.

La religion et l'autorité

UNGER. Le clergé professionnel peut être un obstacle majeur à la diffusion de la tolérance. En effet, lorsqu'ils redoutent que leur autorité soit remise en cause, les religieux, comme tous les êtres humains sous l'emprise de la peur, ont recours à des menaces. Ils menacent de damnation toute personne qui n'adhère pas à leur vision des choses.

IKEDA. On peut dire d'un clergé autoritaire qu'il a dégénéré parce qu'il a perdu de vue que la mission essentielle de la religion est de sauver les êtres humains. Tous les grands fondateurs ont établi leur religion en réponse aux cris de souffrance de leurs contemporains. Les enseignements et clarifications sur la vie et les vérités universelles qu'ils ont élaborés à partir de leurs propres conceptions se sont propagés et ont trouvé un écho dans le cœur des personnes ordinaires parce qu'ils répondaient à leurs besoins.

Néanmoins, quand on met en place des systèmes sociaux et des fonctions rigides, certains religieux commencent à utiliser les personnes comme de simples moyens pour protéger leurs propres intérêts et leur prestige. Ils sont alors enclins à ignorer la voix du peuple. Si l'on perd de vue le noble objectif de sauver les personnes ordinaires, tout désir de s'améliorer et toute sagesse pour percevoir la vérité finissent par disparaître. La qualité de la croyance diminue et l'on voit apparaître de faux religieux tyranniques plus corrompus que quiconque. Si nous ne luttons pas résolument contre ces faux religieux, les êtres humains tomberont dans la voie du malheur.

Durant ma jeunesse, le shintoïsme d'État, pilier mental sur lequel s'appuyaient les ultranationalistes, précipita le peuple japonais dans une guerre d'agression. Comme vous le savez, les premier et deuxième présidents de la Soka Gakkai, MM. Makiguchi et Toda, ne cessèrent jamais de dénoncer, par l'écrit ou oralement, les autorités de leur époque. Inévitablement, après la défaite du Japon, j'étais moi aussi très critique et j'éprouvais une grande méfiance envers la religion, tout en recherchant une attitude philosophique juste dans la vie. C'est à ce moment-là que j'ai rencontré M. Toda, mon maître dans la vie. J'avais alors dix-neuf ans et j'ai été si fortement attiré par sa profonde humanité que j'ai adopté le bouddhisme de Nichiren, qu'il pratiquait avec ferveur.

Dès notre première rencontre, j'ai eu le sentiment de le connaître depuis des années. Avec une grande sincérité et une authentique pureté, il nous exhortait à créer un pays doté d'une culture pacifique et harmonieuse, un pays qui pourrait contribuer au bien-être de toute l'humanité. C'est M. Toda qui m'a appris qu'une véritable religion se consacre à bâtir la paix, à développer la culture et au bonheur des personnes ordinaires. J'ai parfaitement compris que c'est ainsi que l'on pouvait générer une foi imperturbable, source d'actions positives et d'un esprit bienveillant.

UNGER. En gardant en vous les enseignements de M. Toda, vous vous consacrez aujourd'hui inlassablement à promouvoir la paix grâce aux échanges culturels indispensables pour garantir un avenir paisible à l'humanité.

IKEDA. Je ne suis que trop conscient des périls engendrés par une religion autoritaire, sans parler de la nature effrayante de l'exploitation de la religion à des fins politiques par les autorités en place. Dans l'une de ses œuvres, l'écrivain autrichien Stefan Zweig (1881-1942) a fait l'éloge du théologien Sébastien Castellion (1515-1563), qui avait émis une déclaration de tolérance, dans laquelle il affirmait notamment que les personnes en position d'autorité s'efforçaient toujours de justifier leurs actions violentes en se réclamant d'un idéal philosophique ou religieux[11].

UNGER. C'est là un fait historique avéré.

IKEDA. Zweig disait lui aussi que « la violence rabaisse les pensées qu'elle prétend défendre[12] ». La religion se détruit de l'intérieur quand elle se laisse utiliser ou coopère délibérément avec la violence d'État et la guerre. Il existe un égoïsme démoniaque inhérent à l'autorité. En revanche, une véritable religion se consacre essentiellement à soulager la souffrance humaine. Alors que l'autorité opprime, domine et rabaisse l'humanité de l'extérieur, la religion fait jaillir la force de vie de l'intérieur de soi, permettant ainsi aux êtres humains de manifester leur individualité dans toute sa grandeur afin de créer de grandes valeurs. Par nature, la religion est l'art de purifier l'égocentrisme et l'avidité des autorités et d'orienter le pouvoir politique vers les intérêts des personnes ordinaires.

UNGER. Oui, la politique devrait être un art au service des personnes ordinaires. Après tout, le mot « ministre » provient d'un mot latin signifiant « serviteur ».

IKEDA. La religion devrait être une force qui permet de

---

11. Cf. Stefan Zweig, *Conscience contre violence* (ou Castellion contre Calvin), Le Livre de poche, 2010.

12. *Ibid.*

transformer l'autoritarisme. Cependant, il arrive que le désir de se protéger grâce aux autorités politiques ou de devenir soi-même une autorité et un pouvoir génère intolérance et cruauté. C'est en effet parce que, comme vous le dites, la religion est essentielle pour l'humanité que l'hypocrisie de la part de dirigeants religieux suscite une profonde méfiance et beaucoup de confusion.

La tyrannie des faux dirigeants religieux qui se cache derrière l'autorité est inacceptable. Nous devons nous appuyer sur des moyens pacifiques tels que la liberté de parole pour résister à l'intolérance qui menace la dignité humaine. Telle est la signification de la tolérance positive, dont l'esprit est d'encourager les personnes ordinaires à se renforcer et à développer davantage de sagesse afin de ne pas se laisser tromper par les autorités intolérantes. Voilà ce que nous nous efforçons d'accomplir.

UNGER. Ce sont les personnes dotées d'un esprit tolérant qui ont le courage de faire avancer la cause de la paix. Elles peuvent résister au fanatisme et à l'esprit de vengeance qui menacent la dignité humaine. Comme je l'ai déjà dit, c'est une erreur que de présumer que l'intolérance vient en premier et correspond à la force, alors que la tolérance ne viendrait qu'en second et serait pure faiblesse. Tolérance et religion sont indissociables.

IKEDA. Pour appuyer cette affirmation, j'aimerais citer ici un exemple historique. Certains intellectuels de premier plan du monde entier avec qui j'ai eu des échanges ont manifesté un vif intérêt pour la vie d'Ashoka, ce roi de l'Inde ancienne qui mena une politique fondée sur la compassion bouddhique et le désir de promouvoir le bonheur de son peuple. Authentique chantre de la tolérance, il reconnaissait la liberté de croyance. Par ailleurs, renonçant à ses guerres de conquête, il multiplia les échanges pacifiques avec de nombreux autres pays. Ses actions illustrent la relation idéale entre politique et religion et apportent un exemple brillant de la façon dont la tolérance religieuse peut contribuer à la promotion d'une prospérité éclatante. Ashoka incarna dans le monde politique l'esprit de Shakyamuni et ses idéaux de bienveillance qui furent à l'origine du bouddhisme.

Dans toutes les religions, il est primordial de toujours se référer à l'esprit et aux enseignements majeurs des fondateurs. Ashoka s'opposa aux dirigeants religieux qui avaient abandonné l'esprit de Shakyamuni et avaient oublié leur responsabilité consistant à sauver les personnes ordinaires. Parmi les nombreux édits qu'il avait gravés sur des rochers et des piliers pour communiquer avec son peuple, figurait celui-ci : « Même s'il s'agit d'un moine ou d'une nonne, toute personne qui divise le *sangha* [la communauté des pratiquants du bouddhisme] devrait être contrainte de porter des vêtements blancs et de résider ailleurs que dans un monastère[13]. »

M. Toda aimait déclarer que, s'ils pouvaient être réunis dans une même salle, les fondateurs des grandes religions et philosophies du monde trouveraient certainement de nombreux points d'accord entre eux. Tous ces combattants de la liberté humaine et de la paix – notamment Jésus, Mahomet et Shakyamuni – apportèrent leur soutien aux malheureux et aidèrent les êtres dans la souffrance, comme le fit aussi Nichiren, que nous révérons.

Une des caractéristiques du mouvement fondé par Nichiren fut d'appeler ceux qui cherchaient à libérer l'humanité de la souffrance à revenir à Shakyamuni et à ses enseignements. Ce fut aussi une exhortation à revenir au Sûtra du Lotus, qui enseigne la dignité de tous les êtres humains et éveille ces derniers à cette vérité. Nichiren entreprit donc de retourner au point de départ de la religion, qui consiste à soulager la souffrance des êtres humains pour les mener vers un bonheur authentique.

---

13. *The Edicts of King Asoka* (Les édits du roi Ashoka), Kandi, Sri Lanka: Buddhist Publication Society, 1993, p. 29.

Harmonie avec la pensée scientifique

UNGER. En tant que scientifique, je considère que la tolérance est une condition essentielle à la coexistence. Les religions sont à leur façon une forme de science. Elles génèrent des théologies qui guident les croyants dans leur quête de Dieu et apportent ainsi de nouvelles stimulations.

IKEDA. La religion est une quête de vérité sur la vie et l'univers fondée sur la sagesse. C'est une quête existentielle de moyens pour parvenir au bonheur. À partir des résultats de leur recherche, toutes les religions et confessions ont développé des systèmes structurés d'enseignements sous la forme de théologies et d'études doctrinales. En s'appuyant sur leurs propres expériences religieuses, les fondateurs et croyants élaborent des systèmes théoriques cohérents et coordonnés. Sur ce plan, les religions répondent bien à la logique empirique requise par la science moderne.

Makiguchi était un éducateur. Son aspiration au bonheur de tous les enfants l'incita à définir les valeurs qu'ils devraient manifester dans la vie et à établir pour eux une théorie originale. C'est alors qu'il rencontra le bouddhisme de Nichiren et se sentit si proche de ses idées sur la dignité de l'être humain et la possibilité de réformer la vie réelle et la société qu'il décida de se convertir. Telle a été l'origine de notre mouvement populaire pour la paix, la culture et l'éducation, la Soka Gakkai, qui s'appuie sur le bouddhisme de Nichiren.

En tant que figure des temps modernes, Makiguchi s'employa à prouver la validité universelle du bouddhisme de Nichiren grâce à des méthodes scientifiques faisant appel à la preuve factuelle et à la vérification. Son approche était une version modernisée de la méthode employée par Nichiren lui-même pour comparer religions et philosophies à partir de trois critères : la preuve littérale, la preuve théorique et la preuve factuelle. Comme je l'ai indiqué, le bouddhisme, et tout particulièrement le bouddhisme de

Nichiren, est rationnel et empirique, au même titre que les sciences modernes.

UNGER. C'est tout à fait remarquable.

IKEDA. Une religion pouvant servir de fondement à la civilisation humaine au XXIe siècle doit à la fois s'harmoniser avec la pensée rationnelle scientifique et la guider. Le bouddhisme inclut des idées qui font écho aux observations modernes présentes dans les sciences sociales ainsi que dans les humanités. Mes discussions avec des intellectuels du monde entier m'ont conforté dans cette conviction.
En tout cas, les religions au XXIe siècle doivent se demander comment nous permettre de vivre de la façon la plus humaine possible, en s'appuyant sur une approche claire du monde, de la société et de l'environnement naturel.

UNGER. Pour moi, la question fondamentale dans la vie est : d'où venons-nous et où allons-nous ? À travers l'Histoire, religions, philosophies et arts ont tous lutté, chacun à leur façon, pour trouver des réponses à cette question. Néanmoins, les mêmes questions se posent encore aujourd'hui et l'on y apporte toujours des réponses très diverses. Certaines d'entre elles me paraissent peu fiables ou peu convaincantes, voire totalement erronées.
Il est important de se pencher avec sérieux sur cette question de la tolérance. Cela nécessite un jugement de valeur sur les différentes approches proposées, sans pour autant tomber dans la critique. Il me semble qu'il convient d'avoir là une attitude très claire.

IKEDA. Plus une question est cruciale et plus elle nécessite un dialogue sincère. Que pensez-vous de l'affirmation selon laquelle, à partir du XVIIe siècle, en Europe, en raison des oppositions suscitées par la religion et la montée du rationalisme, les religions établies se sont mises en retrait et ont été remplacées par le rationalisme scientifique qui, à son tour, est devenu un nouveau type de religion ?

UNGER. Durant les deux derniers siècles, les mathématiques et le rationalisme ont certainement été surévalués. La vision du monde qui prédomine aujourd'hui est aberrante. Elle est dépourvue de régulation et anormalement tournée vers le rationnel et le théorique. L'importance excessive accordée à l'argent fausse notre vision du monde. Même dans mon domaine, la médecine, il y a eu un relâchement des règles. Dans les études médicales, les êtres humains sont ravalés au rang de simples objets. Les patients sont considérés comme les financeurs potentiels de l'assurance maladie.
Nous devons absolument prendre conscience que la science ne remplace pas Dieu et ne peut pas le remplacer. L'accent mis exclusivement sur la raison a fondamentalement altéré les relations entre les êtres humains et la nature, entre les êtres humains entre eux, et entre l'humain et le spirituel. Nous avons renoncé à une harmonie fondée sur l'être humain. Les personnes qui réfléchissent commencent à prendre conscience qu'il y a beaucoup de choses dans le ciel et sur terre qu'on ne peut pas mesurer. Comme toutes les autres conceptions et cultures de dimension internationale, la nouvelle culture mondiale doit clairement reposer sur la foi des êtres humains. Même si elle est sujette à diverses interprétations, la religion est la source de toutes les cultures. C'est pour cela que des dialogues interreligieux substantiels sont véritablement nécessaires.

IKEDA. Cela signifie que les dialogues interreligieux doivent être au cœur même du dialogue entre les civilisations.

UNGER. Tout à fait. Dans le contexte extrêmement sécularisé de notre époque, dû à une libération illimitée du pluralisme, tant que ses activités ne sont pas illicites, chacun est entièrement libre d'agir selon ses inclinations personnelles. Sans aucun doute, cela contribue grandement à l'exploitation et à la destruction de la planète par les êtres humains. Une telle évolution va de pair avec ce que l'on pourrait appeler la tolérance politiquement correcte perçue comme une simple formalité, ce qui n'est pas du tout suffisant. Notre monde aux valeurs dévoyées a besoin d'une tolérance dotée d'un véritable contenu intérieur.

IKEDA. Je comprends ce que vous voulez dire. La tolérance formaliste qui donne libre cours à l'égoïsme des parties en jeu est inacceptable. La véritable tolérance consiste, pour les êtres humains, à surmonter leur avidité effrénée. C'est précisément là qu'intervient la religion et ce, depuis les temps anciens.
La tolérance qui consiste à simplement reconnaître l'existence des autres est par essence passive. Je définis la tolérance active comme étant ce qui fait fructifier l'humanité et la rend plus riche par le respect et la capacité de se réjouir et de tirer des leçons de l'existence des autres. Cela correspond, pour reprendre votre terme, à la tolérance dotée d'un véritable contenu intérieur. La tolérance passive est pur formalisme. Ce que l'on appelle la tolérance se mesure au fait qu'elle rend les êtres humains plus profondément bienveillants et heureux.

UNGER. Pour soutenir la planète, les êtres humains doivent entrer en relation avec leur nature essentielle. Cela part de chacun, et nous devons nous appuyer ici sur trois règles morales : la dignité humaine, le développement de notre humanité et sa préservation – ce qui revient à protéger la vie. Prendre en compte la valeur de la vie est absolument essentiel. Les dialogues interreligieux peuvent ici contribuer à établir des mesures concrètes pour la protection de l'humanité et de la société en créant des valeurs planétaires transcendant les différences religieuses.

IKEDA. En fait, le dialogue interreligieux répond à un besoin urgent à notre époque. La tolérance dotée d'un véritable contenu intérieur nous incite à nous lancer dans des dialogues ouverts et à apprendre les uns des autres. En revanche, une attitude fermée consistant à simplement tolérer « l'autre », perçu comme différent, est la marque d'une tolérance formelle. Les trois éléments que vous venez de citer représentent trois piliers indispensables pour dépasser l'avidité et cultiver la tolérance.

Briser les chaînes de la violence et de la haine

UNGER. Nous sommes l'un et l'autre d'accord pour reconnaître objectivement que nous sommes toujours confrontés à l'intolérance. Il est possible de débattre à l'infini sur la nature innée ou non des agressions et de l'intolérance. En Europe, on a toujours pensé que les êtres humains sont bons par nature et que c'est la société qui les rend violents. Pour soutenir ce point de vue, on a pris pour exemple des peuples primitifs prétendument pacifiques. Cependant, aujourd'hui, la majorité des ethnologues ne partagent pas cette opinion. Les peuples primitifs peuvent eux aussi faire preuve de violence. La tolérance se cultive comme d'autres facultés telles que le savoir-vivre et la courtoisie. Tout cela est affaire d'éducation. Il y a bien sûr également ici une part liée au contexte familial. L'éducation ne peut réussir que si les parents montrent l'exemple. Chacun sait combien il est difficile de mener une vie conjugale exemplaire. Les enfants qui observent les efforts de leurs parents pour avoir un comportement juste tenteront par la suite de faire de même.

IKEDA. Nous considérons l'un et l'autre que l'éducation est ce qui nous rend véritablement humains. L'important est la nature de cette éducation : aboutit-elle à une culture de la violence ou à une culture de paix ? Même si elles trouvent leurs racines profondes dans l'énergie vitale des êtres humains, l'agressivité et la violence ne constituent pas pour autant l'essence même de l'humanité. Les êtres humains possèdent de façon innée des dispositions à supprimer, contrôler ou, au contraire, sublimer la violence et l'agressivité.
Dans sa quête profonde de ce qu'est la vie humaine, le bouddhisme a découvert à la fois le bien fondamental sous

la forme de l'état de bouddha, et le mal fondamental sous la forme de l'ignorance, ces deux éléments étant constamment en conflit. Cette constatation implique la nécessité pour les êtres humains de prendre conscience de la violence en eux-mêmes et de lutter constamment pour la contrôler. De même, nous devons toujours tenter de développer la tolérance pour l'opposer à la tendance à l'intolérance. Tout laisser-aller dans cette lutte spirituelle permanente peut permettre à la violence barbare et à l'intolérance de prendre le dessus. Cela est vrai pour les individus aussi bien que pour les civilisations dans leur ensemble.

Toute personne qui combat la violence par la violence sombre au niveau de son adversaire et s'unit à son agressivité sur le plan psychologique. Un comportement aussi erroné ne saurait se justifier, même lorsque l'objectif visé est juste. Un objectif élevé doit aller de pair avec un comportement noble. La violence menace la dignité de la vie. Il faut lui opposer la non-violence qui, au contraire, protège rigoureusement cette dignité.

UNGER. La tolérance échappe à toute mesure. Elle possède une part imprévisible. En revanche, on peut facilement prévoir comment va réagir une personne que l'on fait souffrir. Comme on peut le voir aujourd'hui au Moyen-Orient, une escalade se produit alors selon un phénomène de réactions en chaîne, où les contre-offensives succèdent aux contre-offensives. Mais la créativité engendrée par la capacité de réagir avec tolérance peut briser ce cercle apparemment inexorable.

IKEDA. Vous soulignez là un point primordial. En suivant toujours la voie d'une paix durable, le grand vaisseau de l'histoire humaine doit surmonter de puissantes vagues, ce que l'on pourrait appeler le flot invisible mais ô combien puissant de la transformation de l'esprit de l'humanité. On ne peut attendre des traités ou des structures les mieux conçus qu'ils produisent les résultats escomptés sans un changement dans l'esprit des êtres humains eux-mêmes.

UNGER. Mon expérience des dialogues interreligieux m'a permis de constater que le charisme est plus productif que les simples paroles. Selon les gens, le mot « vertu », par exemple, peut revêtir des significations différentes. Ce ne sont pas les mots employés qui importent le plus. L'essentiel, c'est d'avoir effectivement le comportement d'une personne vertueuse. On ne peut pas faire de la tolérance un système car elle relève du personnel et de l'intime. Cela met en jeu la responsabilité individuelle.

IKEDA. Il est sans aucun doute plus important d'appliquer concrètement la tolérance dans l'existence plutôt que de prononcer de grands discours à son sujet. Par ailleurs, pour que la tolérance devienne véritablement réalité, une révolution dans l'esprit humain est indispensable. Les discussions sur la liberté, l'égalité et la tolérance se terminent souvent par une analyse assez conventionnelle des systèmes existants. Sans un changement du contexte spirituel propre à une société donnée, toutes les solutions purement formelles ne peuvent aboutir qu'à une forme de coercition. Cela ne ferait que nourrir davantage les tensions sociales et l'intolérance.

Au XXe siècle, l'intolérance s'est incarnée dans les États totalitaires, ce qui a été à l'origine de révolutions tragiques. Carl G. Jung déclara que « si seulement pouvait naître à l'échelle du monde la conscience que toutes les divisions et scissions sont dues à la séparation des opposés dans notre psyché, alors nous saurions par où commencer[14] ». Avec cette prise de conscience globale, nous pouvons en effet découvrir comment affronter le problème. Je suis personnellement convaincu que tout doit commencer par notre révolution intérieure.

---

14. Traduit de l'anglais. Carl G. Jung, *The Undiscovered Self: with Symbols and the Interpretation of Dreams* (Le Soi non découvert suivi de Symboles et Interprétation des rêves), Princeton and Oxford, Princeton University Press, 1990.

Des images de liberté et de responsabilité

IKEDA. Dans son essence même, la doctrine bouddhique de l'origine interdépendante signifie que tout être humain et non humain est interdépendant et que rien n'existe de façon isolée. Cela signifie en retour qu'il n'y a rien en ce monde sans lien avec nous-mêmes. Chacune de nos actions est étroitement liée au dynamisme de la création cosmique. En ce qui concerne la tolérance, nous devons aussi nous engager dans une réforme de notre vie intérieure, qui nous mène à une prise de conscience de l'interdépendance et développe notre sens de la responsabilité envers les autres.

UNGER. C'est tout à fait exact. Prendre conscience de l'interdépendance développe le sens des responsabilités. Mais, lorsque nous parlons de tolérance, nous avons peut-être tendance à trop mettre l'accent sur la liberté. À la fin du XIXe siècle, la statue de la Liberté fut érigée à New York pour indiquer aux exilés qu'ils étaient parvenus sur une terre de liberté. J'ai gardé un souvenir très précis d'un discours délivré en 1964 à l'université de Vienne par le neurologue et psychologue Viktor Frankl (1905-1997). Il déclara qu'il fallait accorder la plus grande attention à l'esprit de responsabilité et qu'il serait tout à fait judicieux d'ériger maintenant une statue de la Responsabilité sur la côte ouest des États-Unis.

IKEDA. Le sens de notre responsabilité à l'égard des autres et de la société est une question de développement intérieur. Le mot anglais *responsibility* définit la capacité de réaction. Les personnes subissant répression et intolérance recherchent bien davantage que la liberté ou qu'un traitement préférentiel. Ils veulent que la société les respecte, les mette en valeur et les reconnaisse. Ils veulent bénéficier de solidarité en tant que membres de la société et avoir la possibilité de s'exprimer. Lorsqu'une société manifeste un tel esprit de responsabilité, c'est la preuve qu'y règne une véritable liberté. Il n'y a qu'un seul moyen de concrétiser la tolérance : augmenter le nombre de personnes ayant le sens des responsabilités et établir la solidarité à l'échelle mondiale.

UNGER. Sur cette question de la responsabilité, j'ai été profondément impressionné par les paroles prononcées par le cardinal Franz König (1905-2004) lors du discours de clôture d'une réunion de l'Académie européenne des sciences et des arts et de l'Institut de médecine [appelé aujourd'hui Académie nationale de médecine] à Washington. Il a dit que les chercheurs doivent faire leur travail honnêtement et que, quelle que soit leur spécialité, les scientifiques doivent suivre la voix de la conscience. L'esprit de responsabilité ne correspond-il pas à cette voix de la conscience qui nous indique dans quelle direction aller ?

IKEDA. La tolérance implique d'écouter notre voix ou conscience intérieure. C'est le dialogue à la fois avec les autres et avec nous-mêmes dans une quête incessante pour déceler nos préjugés et nos conceptions étroites au service de nos intérêts personnels. Pour Viktor Frankl, la voix de la conscience était la voix d'un être transcendant, la voix de Dieu. Après avoir évoqué ici la question de la tolérance, je propose que nous nous penchions maintenant sur la dimension religieuse de l'amour et de la compassion.

CHAPITRE II

Compassion bouddhique et amour chrétien

IKEDA. Le bouddhisme peut être décrit comme une religion de sagesse et de compassion. Il est caractérisé par la sagesse cosmique fondée sur l'éveil de Shakyamuni à la Loi ou vérité fondamentale de l'univers et à la compassion cosmique combinée à cette sagesse. Le concept bouddhique de compassion contient deux aspects : le désir de partager l'amitié avec d'autres (sanskrit *maitri*) et le désir de faire preuve d'empathie envers les souffrances des autres comme si c'était les nôtres (*karuna*). Le bouddhisme prône donc à l'origine une sorte d'harmonie suprême entre les êtres humains sans discrimination d'aucune sorte. À partir de ces données de base, le courant du mahayana a interprété la compassion comme le fait de donner la joie et de soulager la souffrance. Nichiren incarnait ces deux aspects de la compassion – l'amour structurant d'un père et l'amour plein de tendresse d'une mère. Ainsi, un père encourage ses enfants à faire ce qui est juste à l'égard d'autrui. En s'appuyant sur les paroles du maître bouddhiste chinois Zhangan (561-632) : « Si l'on se lie d'amitié avec quelqu'un sans avoir la bienveillance de le corriger, on est en fait son ennemi[15] », Nichiren encouragea à adresser des remontrances sévères à ceux qui font le mal.

15. *Les Écrits de Nichiren*, « Les digues solides de la foi », Soka Gakkai, p. 630.

Par ailleurs, l'aspect maternel de la compassion, capable de tout inclure, permet d'accepter chaque être humain tel qu'il est et d'éprouver de l'empathie pour les joies et les peines de chacun. La compassion se manifeste alors à travers un comportement qui maintient l'équilibre entre ces deux aspects, tout en recherchant une amélioration de soi-même et des autres.

Mais, en ce qui vous concerne, quel sens donnez-vous à l'amour et à la charité chrétienne ?

UNGER. Nos deux religions accordent une importance majeure à la compassion, une valeur éthique centrale dans le christianisme comme dans le bouddhisme. La compassion consiste à se mettre à la place de l'autre, à faire preuve d'empathie et à offrir son aide. Selon moi, la compassion a peu de rapport avec la tolérance. Elle se situe sur un autre plan et requiert une vertu différente – l'esprit de charité.

Il s'agit donc de vertus différentes, mais on peut alors se demander quelle est la relation entre charité et tolérance.

Imaginez un homme qui en a fait souffrir un autre. Celui qui souffre stimule en moi le désir de charité. Je veux lui venir en aide. Je veux aussi que celui qui provoque la souffrance laisse la victime en paix. Il se peut cependant que le coupable ait eu des raisons de se comporter comme il l'a fait. Peut-être a-t-il été auparavant insulté. Dans ce cas, je dois faire appel à sa tolérance mais aussi à celle de sa victime. C'est indispensable pour que la situation s'arrange. Sinon, ce sera un conflit sans fin.

La compassion conduit donc à faire preuve de tolérance, ce qui peut inspirer le désir de pardonner. Elle me donne envie d'agir, sachant que mes initiatives ne pourront être couronnées de succès que si les deux parties impliquées luttent pour résoudre le problème entre elles. Les deux parties en conflit doivent se lancer dans la difficile tâche du pardon. Le succès est à ce prix.

La grande valeur attribuée par le christianisme au pardon apparaît très clairement dans ce passage du Notre Père :

« Pardonnez-nous nos offenses comme nous pardonnons à ceux qui nous ont offensés. »

IKEDA. Vous ne placez donc pas la compassion et la tolérance sur le même plan. La compassion est une manifestation de l'empathie humaine, alors que la tolérance relève de la faculté d'aimer qui, selon vous, provient de Dieu.

UNGER. C'est exactement ça. Mes expériences en matière de dialogue interreligieux m'ont convaincu que la tolérance génère des valeurs fructueuses. Toutes les actions devraient viser à protéger le bien et éviter le mal. Les êtres humains ne devraient pas être mesquins, envieux ou arrogants. Ou, pour parler en termes positifs, il faudrait mettre en avant des vertus charismatiques comme la foi, l'amour et l'espoir. Je perçois la tolérance comme étant principalement une vertu de coexistence. Dans toutes les échelles de valeurs, la question principale est d'empêcher le mal, et la plus élevée des vertus charismatiques est l'amour.

La sagesse a bien évidemment son importance lorsqu'il s'agit de se pencher sur ces questions et de réfléchir. Ainsi, un juge qui combine sagesse et grande expérience sera indulgent lorsqu'il s'agira de sanctionner des fautes mineures, au point de se contenter peut-être d'un simple avertissement là où un autre juge ferait appliquer la loi dans toute sa sévérité.

Mais qu'en est-il de la sagesse ? Peut-elle être le fruit d'un apprentissage ? Sans aucun doute puisqu'elle ne provient pas de la seule expérience ; elle peut être enseignée, mais seulement par des maîtres charismatiques. Les écoles et institutions les mieux organisées ne peuvent ni garantir ni imposer la sagesse. Elle se situe au niveau de l'individu. Les organisations peuvent récompenser – ou au contraire entraver – le travail de maîtres dotés d'une grande sagesse, mais elles ne sont jamais que des véhicules qui, même s'ils sont porteurs de sagesse, ne peuvent pas pour autant la créer.

IKEDA. La sagesse se transmet sans aucun doute à travers des échanges personnels entre maître et disciple. J'ai qualifié le bouddhisme de religion de sagesse et de compassion. D'un point de vue bouddhique, ce que vous appelez l'esprit de charité est la manifestation dans les relations humaines de la compassion cosmique. Vous avez expliqué la tolérance du point de vue des vertus chrétiennes. J'aimerais maintenant vous faire part de mes réflexions sur l'interprétation que le bouddhisme donne de la tolérance et sur la relation entre, d'une part, la sagesse et la compassion bouddhiques et, d'autre part, la tolérance.

Alors que le christianisme se fonde sur la foi en un Dieu créateur omniscient, le bouddhisme s'appuie sur la Loi fondamentale de l'univers à laquelle Shakyamuni s'est éveillé. Le Sûtra du Lotus enseigne que la Loi de l'illumination transcende le temps et qu'elle est personnifiée par le bouddha éternel. La Loi et le Bouddha sont un et indivisibles et révèlent que la vie cosmique est par nature éternelle, c'est-à-dire sans commencement ni fin. Le bouddha éternel est doté de trois sortes de corps, ou vertus : le Corps du *dharma*, le Corps de rétribution et le Corps de manifestation. Le Corps du *dharma* est la Loi fondamentale et éternelle, c'est-à-dire la vérité de l'univers. Le Corps de rétribution est la sagesse cosmique inhérente à cette vérité et manifestée par elle. Le Corps de manifestation est la bienveillance cosmique qui conduit à sauver tous les êtres vivants. Le Sûtra du Lotus décrit cette force vitale de l'univers avec une terminologie un peu différente. Il y est question des trois vertus – vérité, sagesse et compassion.

Les êtres humains qui manifestent ces vertus cosmiques dans leur existence sont appelés « Les envoyés de l'Ainsi-Venu » (une autre façon de désigner le Bouddha). On trouve le passage suivant dans le Sûtra du Lotus : « Si l'un de ces hommes ou l'une de ces femmes de bien est capable, dans les temps qui suivront mon entrée dans l'extinction[16],

---

16. Il s'agit ici de « l'entrée dans l'extinction » du bouddha Shakyamuni.

d'exposer secrètement le Sûtra du Lotus à quelqu'un, ne serait-ce qu'une seule phrase, tu dois savoir alors qu'il ou elle est l'envoyé de l'Ainsi-Venu. Il a été dépêché par l'Ainsi-Venu et accomplit l'œuvre de l'Ainsi-Venu[17]. »

Ces envoyés de l'Ainsi-Venu, partageant son désir de sauver les êtres vivants et agissant en son nom, sont aussi appelés les maîtres de la Loi ou les bodhisattvas sortis de la terre (autrement dit des bodhisattvas qui, selon la description du Sûtra du Lotus, ont émergé de terre).

Du point de vue bouddhique, la tolérance est une manifestation de la compassion éternelle, inhérente à la vie cosmique et au bouddha éternel. D'un point de vue plus concret, c'est la vertu qui apparaît à travers les actions entreprises par les maîtres de la Loi du *Dharma* et les bodhisattvas sortis de la terre. C'est ce que vous appelez la vertu de coexistence. En bouddhisme, sagesse et compassion ne font qu'un et il est donc naturel que la tolérance bouddhique ne fasse elle-même qu'un avec la sagesse inhérente à la force de vie cosmique.

UNGER. Comment le bouddhisme conçoit-il le pardon ?

IKEDA. Le fait de pardonner est interprété comme une manifestation de la compassion inhérente à l'état de bouddha éternel. Cette question du pardon me rappelle l'attitude de Ceylan (aujourd'hui le Sri Lanka) à la fin de la Seconde Guerre mondiale. Lors de la seconde conférence de San Francisco, en 1951, Ceylan renonça à faire valoir ses droits à recevoir des indemnités de la part du Japon.

Selon les représentants de Ceylan, même s'ils étaient en droit d'exiger ces indemnités, ils n'avaient pas l'intention de le faire parce qu'ils croyaient dans les paroles du Bouddha, qui avaient contribué au rayonnement d'innombrables Asiatiques, selon lesquelles « la haine n'est pas vaincue par la haine ; la haine est vaincue par l'amour. C'est une loi éternelle ».

---

17. *Le Sûtra du Lotus*, chap. X, Les Indes savantes, 2007, p. 164.

Cet extrait du *Dhammapada* [18] (Les stances de la Loi) exprime en termes positifs ce que sont le pardon et la tolérance fondés sur une vaste compassion à l'échelle du cosmos.

UNGER. En tant que chrétien, je considère que la tolérance mutuelle entre les peuples de différentes origines religieuses est l'œuvre de la vertu divine de l'amour.

IKEDA. Par contraste avec le bien qui met en avant la tolérance et la coexistence, le mal est ce qui cause la division – autrement dit, c'est un état pathologique où les êtres humains ferment les yeux sur ce que nous avons en commun et sont obnubilés par les différences. Dépassant de loin le simple cadre individuel, cet état d'esprit peut devenir le socle d'un égoïsme de groupe, qui peut prendre la forme d'un racisme ou d'un nationalisme exclusif et destructeur. Ceux qui luttent pour surmonter le petit ego, en s'éveillant au grand ego, ou Soi universel, et s'efforcent ainsi de faire jaillir le bien suprême inhérent à leur vie et à celle des autres, sont ce que l'on appelle les bodhisattvas sortis de la terre. Ils concrétisent de façon positive la tolérance bouddhique.

UNGER. Vous incarnez vous-même cette pratique de bodhisattva.

Naissance, vieillesse, maladie et mort

UNGER. La religion est pour moi le cœur même de l'humanité. Comment, en tant que médecin de notre époque, suis-je parvenu à cette conclusion ? Les êtres humains ne se détournent-ils pas de plus en plus des grandes religions et n'ont-ils pas de bonnes raisons de le faire ? Je suis tenté de répondre par l'affirmative à ces deux questions. Mais le médecin que je suis constate aussi que, dans les périodes difficiles, nombreux sont les patients qui s'accrochent à leurs croyances religieuses.

---

18. Le *Dhammapada* est l'un des textes du canon bouddhique pali.

IKEDA. Voilà une observation très judicieuse. La souffrance de la maladie conduit les êtres humains à se confronter à leur mortalité, ce qui leur inspire le désir de réexaminer en profondeur leur vie. Lorsque l'on se concentre sincèrement sur la question de la vie et de la mort, notre esprit s'éveille à la nécessité d'avoir une philosophie et une religion inébranlables. Nichiren enseigne : « De la maladie naît l'aspiration à entrer dans la Voie[19]. » Il écrit aussi : « Je devrais d'abord étudier la question de la mort, puis les autres ensuite[20]. » Les Japonais attachent une grande importance à l'apparence des défunts. Certaines personnes meurent avec un beau visage apaisé, ce qui est considéré comme la preuve qu'ils ont mené une vie de valeur et se sont épanouis. Mais ce n'est pas toujours le cas. Que pensez-vous de cette importance attachée à l'apparence au moment de la mort en tant que médecin ?

UNGER. Comme vous le dites, les êtres humains décèdent avec toutes sortes d'expressions sur leur visage. On peut dire de ceux qui ont mené des vies très épanouies et heureuses et qui achèvent leur existence dans la confiance et la sérénité qu'ils meurent dans un bon état de vie. Et, s'ils renaissent, ce sera certainement aussi dans un bon état de vie. Des recherches ont montré que ceux qui meurent avec un visage déformé, marqué par l'anxiété, avaient l'esprit préoccupé au moment de la mort. Peut-être manquaient-ils de confiance en eux et ils n'ont pas eu le sentiment de s'épanouir durant leur existence.

IKEDA. Dans le bouddhisme, ces événements solennels que sont la naissance, la vieillesse, la maladie et la mort sont présentés à travers le concept des quatre souffrances. Ni les

19. *Les Écrits de Nichiren*, « Le bon remède pour tous les maux », Soka Gakkai, p. 948.

20. *The Writings of Nichiren Daishonin*, Tokyo, Soka Gakkai, 2006, vol. 2, p. 759.

avancées de la médecine ni la richesse matérielle ne peuvent résoudre les problèmes soulevés. Dans notre existence, l'essentiel est de surmonter ces souffrances de façon à donner à notre vie le plus grand rayonnement possible.

Le récit des quatre rencontres en dehors du palais de son père est une métaphore qui rapporte comment Shakyamuni s'est éveillé aux quatre souffrances. On dit qu'un jour le prince Siddhartha, nom de Shakyamuni dans sa jeunesse, sortit de son palais par la porte est et rencontra un vieillard. Un autre jour, sortant par la porte sud, il rencontra un malade. Puis, par la porte ouest, un cadavre. Enfin, lors de sa quatrième sortie, par la porte nord, il rencontra un religieux qui se livrait à des pratiques ascétiques. Ces quatre rencontres inspirèrent à Shakyamuni le désir de renoncer à la vie séculière pour se consacrer à une quête religieuse.

Fondamentalement, les religions ont pour objectif de permettre aux êtres humains de se confronter à la réalité de la vie, qui prend la forme de la naissance, la vieillesse, la maladie et la mort, afin de rechercher le véritable bonheur. En ce sens, tous les êtres humains sont intrinsèquement religieux. Comme vous le dites fort bien, « la religion est le cœur même de l'humanité ». Se détourner des quatre souffrances et perdre de vue la sagesse religieuse qui permet d'explorer la vie dans toute sa vérité stimulent et encouragent la tendance à dévaloriser la vie.

UNGER. Je partage votre avis. Aujourd'hui, des problèmes comme l'avortement et les manipulations génétiques sèment le trouble quant aux définitions du commencement et de la fin de l'existence humaine. Cela facilite en retour l'exploitation de la vie par les sciences. Par nature, notre époque rend les dialogues interreligieux impératifs pour bâtir une culture du respect de la vie. D'une part, notre monde est dominé par les valeurs utilitaires – c'est-à-dire les progrès constants de la technologie. Et, d'autre part, nous entrons dans une ère où l'on met l'accent sur le fait que la valeur de la vie ne peut se mesurer en termes utilitaires.

Les expériences religieuses, avec toute leur profondeur, deviennent de plus en plus importantes pour comprendre la signification de la vie.

IKEDA. C'est tout à fait exact. Se confronter aux quatre souffrances nous enseigne comment approfondir notre compréhension du sens de la vie, et réaffirmer la dignité de la vie donne à notre existence un plus grand rayonnement. Telle est la mission essentielle de la religion. Goethe, qui surmonta lui-même une maladie grave, écrivit dans *Hermann et Dorothée* : « L'image saisissante de la mort ne se présente pas au sage comme un objet d'effroi, et à l'homme pieux comme le dernier terme. Elle ramène le premier au sein de la vie et le porte à l'action ; chez le second, elle fortifie, au milieu de l'adversité, l'espérance du bonheur à venir. Pour tous deux, la mort devient la vie[21]. »

UNGER. C'est un passage très éloquent.

IKEDA. De la même façon, la Conférence internationale sur les soins palliatifs, organisée en novembre 2004 par le Conseil pontifical pour la pastorale de la santé, évoqua l'importance d'atténuer à la fois la souffrance physique des patients atteints de maladie durable et la souffrance finale causée par la mort elle-même.

Un médecin que je connais m'a parlé de patients atteints du cancer en phase terminale qui, malgré leurs propres souffrances, s'emploient à aider et à encourager leurs amis et d'autres personnes. Comme l'a dit ce médecin, de telles personnes sont fortes devant la maladie et la mort. En revanche, quand survient une crise, ceux qui n'ont vécu que pour satisfaire leurs besoins égoïstes se révèlent faibles. La force se trouve chez ceux qui ont entretenu des relations de solidarité ouverte avec les autres et ont fait tout leur possible pour eux.

---

21. Goethe, *Hermann et Dorothée*, Librairie Hachette, 1860, p. 55.

La compassion, telle qu'elle est enseignée dans le bouddhisme mahayana, est une pratique consistant à aider les autres à éliminer leurs souffrances et à insuffler la joie. Cette pratique ne consiste pas seulement à servir les autres, mais aussi à faire jaillir notre immense force vitale. Quand une personne persévère sur la voie du bodhisattva, les énergies créatrices jaillissent de l'intérieur de sa vie et transforment les quatre souffrances – naissance, vieillesse, maladie et mort – en joie. C'est pour cela que Nichiren écrivit : « Nous nous servons des aspects de la naissance, de la vieillesse, de la maladie et de la mort pour orner les tours que sont nos corps[22]. » Il a présenté une conception de la vie et de la mort exposée dans le bouddhisme mahayana, qui nous permet de trouver joie et stabilité dans la mort comme dans la vie.

UNGER. L'amour chrétien est lui aussi la source d'une énergie extrêmement positive – il incarne la plus haute vertu. L'amour crée une énergie parfaite dans notre vie. C'est pour cela que Jésus-Christ n'a jamais cessé de prêcher l'amour.

La religion guérit aussi bien les personnes que les sociétés dans leur ensemble

UNGER. Pour corriger les distorsions qui apparaissent partout dans le monde d'aujourd'hui, nous devons tout réorganiser dans un sens favorable à l'humanité. Quand la science perd de vue ce besoin essentiel, elle peut devenir dominatrice. Cela est vrai aussi pour la religion. Cependant, quand elles servent à promouvoir le bien au service de l'humanité et de la vie, science et connaissance deviennent un art.

IKEDA. Voilà qui est bien dit. Je suis entièrement d'accord avec vous.

---

22. *The Record of the Orally Transmitted Teachings* (Les Enseignements oraux), Soka Gakkai, p. 90.

UNGER. Eugène Biser, théologien et doyen de notre académie, voit dans le bouddhisme aussi bien que dans le christianisme une dimension thérapeutique qui convient aussi bien aux individus qu'à l'humanité dans son ensemble.

IKEDA. L'enseignement des quatre nobles vérités par Shakyamuni représente une méthode thérapeutique qui permet de corriger les souffrances humaines. Il s'agit de la vérité de la souffrance, de l'origine de la souffrance, de la cessation de la souffrance et de la voie vers la cessation de la souffrance. Depuis l'époque de Shakyamuni, le bouddhisme s'est toujours profondément soucié de l'élimination de la souffrance, et on peut le considérer comme une thérapie complète, qui s'étend tout naturellement de l'individu à l'ensemble de la société.

UNGER. Aujourd'hui, à l'heure de la mondialisation, la dimension de thérapie sociale semble de plus en plus importante. La société doit affronter un grand nombre de traditions, points de vue et valeurs qui, dans un contexte globalisé, se côtoient et interagissent de manière parfois incohérente. Contraints de se forger un système de pensée personnel à partir de ce qui leur est proposé, les êtres humains peuvent avoir recours à des éléments qui semblent leur convenir mais qui ne s'accordent pas toujours très bien ensemble.

IKEDA. Ne pouvant tolérer le vide spirituel, les êtres humains sont constamment en quête d'une croyance – d'un socle qui leur apporte une satisfaction spirituelle. Ce en quoi ils croient a un effet déterminant. C'est pour cela qu'il est de la plus haute importance de cultiver aussi largement que possible des concepts communs universels tels que la tolérance, la compassion, l'amour et le respect de la dignité humaine. Si nous perdons cela de vue et sombrons dans la vacuité, alors nous courons le risque de créer les bases même de nouveaux types de totalitarisme.
Quels rapports ont les Européens d'aujourd'hui avec l'extrême intolérance de systèmes totalitaires comme le fascisme et le stalinisme ?

UNGER. L'extrême brutalité et intolérance du nazisme et du stalinisme et leur mépris sans précédent et jusqu'alors inimaginable de l'humanité demeurent aujourd'hui encore un traumatisme pour les Européens. Nous nous demandons comment une idéologie a pu ainsi balayer une culture aussi riche et diversifiée que la nôtre et mener à des meurtres de masse indifférenciés. Ou, en termes plus abrupts, qu'est-ce qui n'allait pas dans cette culture européenne si diversifiée pour que de telles idéologies puissent s'implanter et s'épanouir ? Certes, la dictature socialiste a été finalement éradiquée. Mais cela signifie-t-il la fin automatique de toutes les idéologies qui méprisent l'humanité – la fin de tous les pouvoirs hégémoniques qui font si peu de cas de la vie humaine ? Je ne le crois pas.

IKEDA. Des idéologies totalitaires qui méprisent l'humanité peuvent réapparaître encore et encore sous de multiples formes. Nous savons tous que le nazisme parvint à accéder au pouvoir par la ruse dans le cadre de la République démocratique de Weimar. J'aimerais noter ici que, derrière la montée de l'influence des idéologies totalitaires, se trouvent de très nombreuses personnes qui les soutiennent et leur confèrent leur pouvoir. Je me souviens que le Pr Toynbee considérait le fascisme et le communisme comme des religions modernes qui émergèrent pour remplacer le christianisme. Mais, parce que ces idéologies n'étaient pas assez élevées pour être réellement vénérées par le peuple, elles sont en fait devenues des religions vénérant le pouvoir collectif d'un groupe[23]. Il me semble que ce point de vue est tout à fait pertinent.

UNGER. Le Japon a lui aussi connu des traumatismes similaires. Comment les artistes et intellectuels japonais perçoivent-ils le passé et à quelles conclusions sont-ils parvenus ?

---

23. Cf. Arnold Toynbee et Daisaku Ikeda, *Choisis la vie*, L'Harmattan, 2009.

IKEDA. Très peu d'artistes, d'intellectuels et de responsables religieux émettent une résistance face à la montée d'un totalitarisme endémique et méprisant. Josei Toda s'opposa avec tant de force au totalitarisme qui s'appuyait sur le shintoïsme d'État qu'il fut emprisonné. C'est l'une des raisons pour lesquelles j'ai eu une confiance absolue en lui. Il est vrai que, dans le Japon de l'après-guerre, quand les prises de position pacifistes et l'hostilité à la guerre prirent de l'ampleur, certains artistes et intellectuels s'opposèrent sincèrement et avec une grande ferveur au totalitarisme. Mais, par ailleurs, beaucoup d'entre eux évitaient de se prononcer clairement sur les terribles souffrances infligées par le Japon aux autres nations asiatiques. Cette tendance est toujours vraie aujourd'hui. La philosophe politique Hannah Arendt (1906-1975) a utilisé l'expression « trou d'oubli » pour exprimer la façon dont le totalitarisme efface la mémoire populaire. Beaucoup de Japonais ont placé dans ce « trou » les souffrances que leur pays a infligées à d'autres. L'incapacité à surmonter totalement l'état d'esprit totalitaire est l'une des raisons pour lesquelles les citoyens des pays d'Asie qui ont été envahis par le Japon se méfient toujours de nous.

UNGER. Les réalités rapportées chaque jour par les médias du monde entier me terrifient. C'est vraiment épouvantable. Le mal qui existe en nous, êtres humains, s'appelle l'intolérance. Mais, je le répète, la tolérance est dans nos gènes. En dépit des terribles événements qui se déroulent actuellement dans le monde, je porte un regard optimiste sur l'évolution future. Deux facteurs orientent ma réflexion dans ce sens. Le premier se situe dans la tradition de Joachim de Flore (1130/35-1201/2), Nicolas de Cues (1401-1464) et Pierre Teilhard de Chardin (1881-1955). Ces trois penseurs étaient convaincus que l'esprit humain se développe et que nous sommes capables de maturité spirituelle. Teilhard de Chardin offrait dans ce domaine des perspectives fondées sur la génétique. La technologie génétique nous montre que nous sommes tous le résultat de variations, donc de mutations. C'est pour cela que j'entretiens raisonnablement l'espoir que l'humanité pourra se développer d'une façon qui rendra en définitive possible une coexistence pacifique.

IKEDA. Les trois philosophes que vous mentionnez étaient convaincus que l'esprit humain pouvait se développer à l'infini. Cette croyance leur donna de l'espoir dans l'avenir. Nichiren nourrissait lui aussi le plus grand espoir dans une symbiose pacifique entre êtres humains. Il vécut au XIIIe siècle au Japon, à une époque largement marquée par le pessimisme et le désespoir. Dans l'histoire du bouddhisme, c'est ce que l'on appelle l'époque de la Fin de la Loi, une époque qui commence deux mille ans après la mort de Shakyamuni, alors que le bouddhisme sombre dans le déclin. La vie humaine paraît alors de plus en plus impure, et la société est en proie à la confusion et à la corruption. En fait, le Japon dans son ensemble a affronté toute une série d'incendies, d'inondations et de tremblements de terre, ainsi que des épidémies et des famines. Mais Nichiren a déclaré : « Un grand mal est suivi d'un grand bien[24]. » Il croyait que, en raison même de ces crises toujours plus fortes, l'époque allait créer, à partir de la confusion, un nouvel épanouissement spirituel et qu'une paix durable s'imposerait dans le monde. Il était bien décidé à prendre la tête de cette transformation historique.

UNGER. C'est tout à fait remarquable. Le deuxième facteur sur lequel repose mon optimisme est l'évolution de l'Europe, depuis un état de belligérance et de fractionnement jusqu'à une unité de plus en plus visible. Dans ce processus, nous sommes toujours confrontés au spectre ancien du nationalisme, qu'il convient de dépasser pour forger l'unité européenne tout en préservant les structures régionales qui sont essentielles au sein de ce cadre global. L'Europe connaît deux grandes réussites particulièrement encourageantes : les accords de Schengen et l'adoption de l'euro en tant que

24. *Les Écrits de Nichiren*, « Grand mal et grand bien », Soka Gakkai, p. 1126.

monnaie unique. Les accords de Schengen ont supprimé les contrôles aux frontières de nombreux pays européens – même si tous ne les ont pas signés.

IKEDA. En préservant l'aspect local et régional, l'Europe évolue délibérément vers l'unité de façon pacifique. On espère que son ordre pluraliste, non militaire, servira de modèle pour un nouvel ordre régional et mondial. Je me souviens du comte autrichien Richard Coudenhove-Kalergi (1894-1972) qui prôna le concept paneuropéen. Lui et moi nous sommes engagés dans un dialogue à partir de 1967. À l'époque, j'avais l'âge d'être son fils. Il s'adressait à moi avec passion comme s'il souhaitait me léguer une mission. Notre dialogue donna naissance à un livre intitulé *Bunmei: nishi to higashi* [Civilisation d'Orient et d'Occident]. Le comte Coudenhove-Kalergi y disait qu'éviter une troisième guerre mondiale ne serait possible que si nous soulignions sans cesse l'importance de la symbiose humaine et de la confiance mutuelle en nous appuyant sur un mouvement spirituel transcendant les conflits liés aux différences raciales, religieuses, idéologiques et nationales[25]. Une telle déclaration est aujourd'hui plus pertinente encore que lorsqu'elle a été prononcée, il y a près de quarante ans. Une fédération fondée sur la compassion et la tolérance et qui crée des liens de confiance mutuelle est essentielle si nous voulons mettre un terme à la violence en augmentation constante dans le monde.

UNGER. J'ai personnellement fait connaissance avec le comte Richard Coudenhove-Kalergi lors du Congrès paneuropéen de Vienne, en 1964. C'était un descendant des Habsbourg qui, partisans du principe de vivre et laisser vivre, régnèrent sur l'Europe centrale de façon exemplaire.

---

25. Traduit du japonais. Richard Nikolaus Coudenhove-Kalergi et Daisaku Ikeda, *Bunmei: nishi to higashi* (Civilisation d'Orient et d'Occident) dans *Ikeda Daisaku Zenshu* (Œuvres complètes de Daisaku Ikeda), Tokyo, Seikyo Shimbun-sha, 2003, vol. 102, p. 94.

Beaucoup de langues se trouvèrent alors réunies sous une seule couronne ; c'est-à-dire autour d'une même idée. Cette tradition, qui remonte à Charlemagne et aux idées qui régissaient le Saint Empire romain, apporta un lien garantissant à la population la possibilité de vivre dans de bonnes conditions. Aujourd'hui, nous avons besoin en Europe d'une vision qui porte sur d'autres domaines que la bureaucratie et l'économie. Dès 1923, le comte Coudenhove-Kalergi en eut l'intuition et, sur cette base, il développa de brillantes conceptions.

IKEDA. C'est exact. Dans son livre *Paneuropa*, qu'il dédia à la jeunesse d'Europe, le comte Coudenhove-Kalergi dit notamment : « Qu'une idée demeure une utopie ou devienne réalité dépend généralement du nombre et de l'énergie de ceux qui la soutiennent. Si des milliers de personnes croient dans la Pan-Europe, c'est une utopie ; si elles sont des millions, c'est un programme ; mais, à partir du moment où cent millions de personnes y croient, cela devient une réalité[26]. »
Comme il serait ravi de constater aujourd'hui que des centaines de millions de personnes croient dans sa vision paneuropéenne.

La liberté est au cœur de l'idée européenne

IKEDA. La Commission du Danube, à l'origine du concept paneuropéen du comte Coudenhove-Kalergi, était au départ autrichienne. Durant sa longue histoire, l'Autriche a développé une profonde sagesse en lien avec la tolérance. Les Habsbourg entreprirent d'intégrer l'esprit de tolérance dans les méthodes de gouvernance. Sur le plan historique, leur empire avait pour seul objectif de créer une communauté paneuropéenne et il s'efforça, de diverses façons, de réunir sous son égide tous les groupes ethniques et toutes les langues en les

---

26. Richard Nikolaus Coudenhove-Kalergi, *Paneuropa*, New York, A. A. Knopf, 1926, p. XVI.

reconnaissant comme égaux. Ainsi, l'article 19 de la constitution autrichienne de 1867 garantissait l'égalité de toutes les nationalités sous la monarchie et déclarait que tous les peuples avaient le droit inviolable de préserver leur nationalité et leur langue. On peut donc dire que la Pan-Europe est irrémédiablement liée aux Habsbourg et à la chrétienté.

UNGER. La tradition impériale de Charlemagne, qui s'étendit sur mille ans, jusqu'au règne de Charles Ier (1887-1922), n'aurait pas pu se perpétuer sans cette dimension humaine de l'empire. Aujourd'hui encore subsiste l'idée d'une Europe où tout le monde peut vivre libre. La liberté est un élément inhérent au christianisme. Elle se fonde sur les Évangiles, et tout particulièrement sur les épîtres de Paul où il est dit que les êtres humains ne peuvent se développer que dans un contexte de liberté spirituelle. Cependant, quand il s'agit de la concrétiser sous forme d'actions, la liberté doit être comprise comme allant de pair avec la conscience individuelle.

IKEDA. Tout à fait. Cependant, la liberté peut aussi sombrer dans le laxisme et l'égocentrisme. C'est pour cela que cultiver sa conscience grâce à la religion est si essentiel dans une société libre.

La chute du mur de Berlin et la renaissance de l'Europe

IKEDA. Durant la guerre froide, un fossé entre l'Est et l'Ouest rompit l'esprit de symbiose cultivé durant de longues années. Mais le monde européen se mit à revivre quand la guerre froide s'acheva.
Quelle a été votre réaction au moment de la chute du mur de Berlin il y a une quinzaine d'années ?

UNGER. Le 9 novembre 1989, le jour où le mur est tombé, a eu une immense signification pour l'Europe. On l'a appelé *Wende* (le tournant) parce que cet événement changea totalement la vie des Européens. C'est alors que s'est véritablement achevée la Seconde Guerre mondiale. Ce fut une expérience très émouvante qui voulait dire que les relations entre les nations d'Europe centrale allaient être normalisées. Mon épouse Monica et moi nous sommes rendus aussitôt à Berlin pour briser d'un coup de marteau un morceau de ce mur, que nous avons encore aujourd'hui chez nous. Nul n'avait imaginé que le communisme s'effondrerait aussi brusquement, sans un seul coup de feu. J'eus la certitude que la destruction de ce mur ouvrait de nouvelles perspectives pleines d'espoir pour l'Europe.

Il n'y a pas longtemps, je me suis rendu à Riga, la capitale de la république de Lettonie, où j'ai dit clairement que, dans le passé, il n'y avait jamais eu de problèmes entre la Russie et l'Europe. Les troubles sont apparus lorsque l'idéologie communiste a divisé l'Europe. Tout cela est terminé maintenant. Du point de vue européen, les échanges avec Moscou ou Saint-Pétersbourg n'ont rien d'exceptionnel. Il y a longtemps, la Russie, l'Allemagne et l'Autriche entretenaient des relations naturelles, qui furent malheureusement rompues pendant environ un siècle.

IKEDA. Je me suis rendu à Berlin en octobre 1961, deux mois après la construction du mur de Berlin. J'ai dit alors aux quelques amis qui m'accompagnaient : « Je suis sûr que, dans trente ans, ce mur n'existera plus. » Je n'exprimais pas ainsi un souhait ou une prédiction mais ma profonde conviction que la liberté – et l'esprit humain épris de paix – remporterait la victoire. J'exprimais aussi de cette façon ma détermination à tout faire pour que le rêve de citoyenneté mondiale de mon maître, Josei Toda, devienne réalité.

UNGER. Je crois que, comme l'a dit Josei Toda, nous devons tous prendre conscience que nous sommes des citoyens de la planète Terre, même si nous parlons des langues différentes, vivons dans des cultures différentes, et possédons des conceptions religieuses différentes. Cette idée devrait nous unir plutôt que de nous séparer.

IKEDA. Nous devons cultiver parmi les peuples du monde une solidarité spirituelle fondée sur la conscience que nous sommes tous des citoyens du monde et ainsi apporter la force qui permet de surmonter les conflits de toutes sortes, notamment ceux qui opposent les nations entre elles.

Les limites à la liberté d'expression

UNGER. J'aimerais que nous poursuivions notre conversation sur la tolérance en nous plaçant d'un point de vue social. Dans notre culture de l'information actuelle, la violence dépeinte par les médias semble parfois encourager l'intolérance. Qu'en pensez-vous ?

IKEDA. La liberté de parole et d'expression est absolument indispensable pour bâtir une culture de paix et de tolérance. Cependant, nombreux sont ceux qui s'interrogent lorsque des médias, au nom de la liberté, menacent les droits humains par des comportements malsains et un sensationnalisme irresponsable et mercantile. Ce type d'attitudes est source de mécontentement, ce qui semble justifier les tentatives des autorités d'apporter des restrictions à la liberté. En d'autres termes, il s'agirait d'empêcher que les médias ne mettent en danger les fondements mêmes de la liberté.

La presse peut attiser les flammes de la haine raciale et de la xénophobie, allant ainsi directement à l'encontre de l'émergence d'une culture de tolérance. Souvenons-nous de cette terrible formule nazie qui disait que l'on peut faire croire n'importe quel mensonge à des êtres humains dès lors qu'on le répète à de multiples reprises. L'Histoire offre de nombreux exemples d'utilisation du mensonge pour renforcer la haine. Cela ouvre alors la voie à la violence. Quand ils piétinent les droits humains, les mensonges sont en eux-mêmes violence. Il faut donc les dénoncer et protéger la vérité. Telle devrait être l'éthique d'une culture de la tolérance.

Le célèbre économiste américain John Kenneth Galbraith (1908-2006) m'a fait part de sa conviction que les journalistes ont des responsabilités en tant qu'êtres humains, en premier lieu celle de dire la vérité. Il lui semblait nécessaire d'édicter des lois contraignantes contre ceux qui travestissent sciemment cette vérité, en précisant toutefois que, si des sanctions devaient être adoptées, cela ne pourrait être qu'au terme d'une enquête minutieuse[27].

UNGER. Déterminer quels types de lois sont nécessaires pour protéger la tolérance est une question majeure. Sans limitations sociales, ceux qui attisent la haine et le racisme continueront d'en semer les graines jusqu'à détruire toute tolérance. Par ailleurs, des mesures de restriction de la liberté d'expression prises par les autorités politiques ne peuvent être que superficielles. La haine devient alors souterraine et il est certain qu'une explosion se produira tôt ou tard.
Les artistes devraient avoir le droit de choquer. Mais quelles sont les limites à la provocation qu'une société peut tolérer ? Il faut maintenir un équilibre, ce qui implique toujours des risques. Trop de laxisme peut détruire le tissu social. Dans sa magnifique pièce de théâtre en forme de parabole, *Biedermann und die Brandstifter* (*Monsieur Bonhomme et les incendiaires*), l'auteur suisse Max Frisch (1911-1991) met en scène le personnage de Biedermann qui est si complaisant envers les pyromanes qu'il va même jusqu'à leur fournir des allumettes. Je crois que nous devons maintenir l'équilibre nécessaire en étant fiers de nos valeurs.

IKEDA. La liberté d'expression est la base de la liberté et de la démocratie. Même si l'étendue de cette liberté d'expression peut varier selon le contexte culturel des pays et communautés, les restrictions doivent cependant être aussi limitées que possible. Maintenir un équilibre entre la liberté d'expression et la nécessité de limiter les manifestations de la violence,

---

27. Traduit du japonais. John Kenneth Galbraith et Daisaku Ikeda, *Ningen, shugi no dai seiki o* (Dialogue pour un siècle de l'humanisme), Tokyo, Ushio Shuppan-sha, 2005, p. 199-200.

de la haine et de la discrimination exige une approche holistique et positive, faisant à la fois appel à la loi, à l'autorégulation et à l'éducation.

L'éducation est fondamentale parce qu'elle élève aussi bien le niveau de ceux qui transmettent que de ceux qui reçoivent les informations. En termes plus concrets, l'éducation aux médias – c'est-à-dire la capacité à distinguer, évaluer et appliquer les informations reçues – doit être entièrement revue et améliorée. Que ce soit au sein du foyer, de l'école ou de la communauté, il est dans l'intérêt général que chacun soit formé afin de pouvoir, en toute autonomie, utiliser et critiquer les médias. L'éducation devrait permettre d'aborder les médias avec un esprit critique et indépendant, tourné vers le dialogue, afin de préparer le terrain à une culture de tolérance et de paix.

Les recherches sur les effets des médias reconnaissent apparemment la corrélation entre l'expression de la violence et la violence sociale réelle mais sans aller jusqu'à établir des relations causales claires. Or, il va de soi que des contenus extrêmement violents et provocateurs ne peuvent pas conduire à un développement psychologique sain des enfants.

UNGER. Je ne comprends pas pourquoi des experts s'entêtent à prétendre qu'il n'y a pas de lien entre la violence montrée par les médias et les phénomènes d'agression parmi la jeunesse. On sait bien, par exemple, que la télévision est largement financée par la publicité. Or, que veulent les publicitaires ? Vendre leurs produits et services. Comment croire alors que la publicité à la télévision aurait un effet, alors que la violence n'en aurait aucun ? On voit bien là que notre société manifeste dans ce domaine une incroyable hypocrisie qu'il faut combattre au nom de la tolérance.

En avril 2002, dans la petite ville d'Erfurt, en Allemagne, eut lieu un de ces crimes qui se produisaient depuis longtemps aux États-Unis, mais qui semblaient confinés à ce seul pays. À la suite de son expulsion, un étudiant de dix-neuf ans se présenta lourdement armé dans son ancienne école et tua quatorze professeurs, deux étudiants et un autre adulte. Il ne s'arrêta que lorsqu'un enseignant qu'il croisa dans le hall lui ordonna d'ôter son masque et de le regarder droit dans les yeux.

À travers cet exemple, je vois deux éléments, aussi clairement qu'à travers un miroir grossissant. D'un côté, il y a l'œuvre sanglante d'un jeune maniaque des armes, d'une cruauté sans borne, qui a passé son temps à regarder des vidéos violentes et à jouer sur son ordinateur à des jeux de guerre. De l'autre, l'humanité dans tout son rayonnement, capable d'exercer une influence sur une âme aussi brutale que celle de ce jeune tueur.

IKEDA. Nous devons toujours être convaincus que l'esprit de compassion bouddhique ou l'amour chrétien peuvent transformer n'importe quelle personne. C'est cette conviction qui sous-tend mon engagement permanent à choisir le dialogue plutôt que les armes. Je suis résolu à me joindre à vous, qui êtes un noble chevalier au service de l'amour et de la tolérance, dans cette lutte incessante pour la paix contre la guerre, pour la civilisation contre la barbarie, et pour la tolérance contre l'intolérance.

CHAPITRE III

Créer une culture de paix

IKEDA. Pour inverser les tendances qui ont fait du XXe siècle un siècle de guerre et de violence et faire du XXIe siècle un siècle de paix et de non-violence, nous devons réaliser un changement de paradigmes. Il s'agit de transformer la culture de guerre en culture de paix et de changer ainsi les fondements d'où émergent conflits et violences dans le monde. Comment y parvenir et quelles sont les conditions nécessaires ? Pour répondre à ces questions, nous pouvons nous appuyer sur ce que nous avons déjà dit sur la tolérance issue de la compassion, mais j'aimerais aussi développer trois thèmes majeurs pour parvenir à la paix :

- L'indispensable prise en considération des droits humains
- La promotion du rôle des femmes
- Le développement d'une éducation humaniste

UNGER. Je considère moi aussi qu'il y a un besoin urgent de créer une culture de paix. Mais je suis très troublé par la voie dangereuse et terrifiante qu'emprunte notre monde pour se développer. Une mondialisation rapide détruit les cultures ethniques et régionales. Les crises économiques provoquées par le fossé entre nations industrialisées prospères et nations en voie de développement engendrent des guerres et des massacres ethniques qui éclatent subitement. Il suffit de lire les journaux pour réaliser aussitôt que la guerre est à nos portes. De plus, nous sommes actuellement confrontés à un terrorisme qui s'enracine visiblement dans les conflits ethniques non résolus. Nous assistons à un mélange de fondamentalisme religieux et ethnique qui mène à des actes terroristes d'une grande violence.

IKEDA. Après les attaques contre les États-Unis le 11-Septembre 2001, la peur du terrorisme s'est propagée parallèlement à une escalade des tensions dans le monde. Une mondialisation politique, culturelle et économique transcendant les frontières nationales et ethniques tend vers l'unification. Cependant, les réactions contre ce phénomène engendrent des régressions vers le nationalisme et le fondamentalisme, qui sont la source d'un extrémisme pouvant aller jusqu'au terrorisme.
Par ailleurs, grâce à la rapide expansion des modes de transport et des réseaux de communication à l'échelle planétaire, consolidée par les corporations multinationales, nous pouvons entrer en contact avec des traditions, philosophies et systèmes de valeurs de diverses origines historiques et culturelles. Si cet accès à tout un éventail de valeurs différentes peut enrichir notre pensée, elle détruit aussi des cultures et bouleverse les systèmes de valeurs. En ce sens, notre époque d'intégration mondiale ne devrait pas devenir une ère de confusion.
Aujourd'hui, nous sommes dans un état de conflit chaotique entre la standardisation centripète et la désintégration centrifuge. Tout en continuant à rechercher des valeurs universelles, nous devons respecter et apprécier à leur juste mesure ce qui est original et singulier. Cependant, là encore, tout est question d'équilibre.
L'obsession des particularités et le fait de se couper des contextes, traditions et systèmes de valeurs qui prévalent engendrent arrogance, préjugés et discriminations. D'une part, une quête résolue de l'universalité entraîne le danger d'une standardisation planétaire ; de l'autre, mettre exclusivement l'accent sur l'individualité menace de provoquer un morcellement de notre monde.

UNGER. Vous mettez en avant de nombreux points qui sont pour moi une grande source d'inquiétude. Je me fais du souci lorsque je vois combien les mouvements nationalistes et fascistes stimulent l'inacceptable et ne contribuent en rien à mieux comprendre le monde. Une telle indifférence conduit à enfreindre les droits humains et à saper la liberté.

IKEDA. Les disparités économiques, l'oppression et la discrimination créent les foyers du terrorisme.
Être indifférent à ces problèmes, c'est être incapable d'imaginer les souffrances d'autrui. Cela se reflète dans la maladie moderne qui consiste à être incapable de reconnaître l'existence des autres. La tendance à ne pas s'intéresser à la société et aux autres et à se centrer sur soi-même est particulièrement visible chez les jeunes qui portent la responsabilité de l'avenir.

UNGER. Il me semble aussi que, outre l'indifférence, le sentiment d'isolement et d'agression qui se répand parmi les jeunes générations cause un effondrement qui conduit à l'aliénation et à un individualisme extrême. Sur la base des informations de toutes sortes rendues accessibles par la mondialisation, les jeunes s'attachent à un mode de vie matérialiste. Ils accordent souvent plus de valeur à l'argent qu'à la vie humaine. Cet ultra-individualisme est une menace pour notre monde.

IKEDA. En plus du matérialisme, cette tendance à l'ultra-individualisme ou à l'égoïsme est une autre maladie des temps modernes. Les personnes égoïstes sont enfermées dans leur petit monde personnel et n'accordent aucun intérêt à la douleur, aux souffrances et au chagrin des autres. Des problèmes mineurs éveillent en eux de fortes émotions et les incitent à entreprendre des actes violents.
Les préoccupations exclusivement égoïstes consistant à satisfaire ses propres désirs servent de terreau aux conflits en facilitant les inégalités, les préjugés et les discriminations.

Une parabole

IKEDA. Pour moi, dans une culture de paix, tous les êtres vivants peuvent manifester leurs caractéristiques propres tout en ayant un statut égal. Telle est l'image que je m'en fais. Comment transformer la culture de guerre, agressive et destructrice, en une culture de paix par le dialogue et la coopération ?

J'aimerais mentionner ici la parabole des trois sortes de plantes médicinales et des deux sortes d'arbres que l'on trouve dans le chapitre « La parabole des herbes médicinales » du Sûtra du Lotus. C'est la représentation idéale de la paix selon le bouddhisme. Ce chapitre décrit toutes sortes d'arbres et de plantes, aux noms et caractéristiques différents, qui poussent ensemble. « La pluie qui tombe de la couverture de nuages s'accorde avec la nature de chaque espèce spécifique, la faisant croître et venir à maturation, fleurir et fructifier[28]. »

Les plantes symbolisent la culture humaine. Selon cette image, les plantes et les arbres, bien que divers par nature, poussent en bénéficiant de façon égale de l'impartialité de la pluie et de la fertilité du sol. C'est là un symbole de la bienveillance de l'univers qui protège les caractéristiques individuelles et leur permet ainsi de prospérer et de s'épanouir dans une culture de paix.

UNGER. Je ressens en effet que l'image de coexistence d'espèces diverses sur une base d'égalité, illustrée par la parabole que vous venez de citer, indique bien comment établir une culture de paix. En ce nouveau millénaire, toute l'humanité doit affronter le problème du développement solidaire. Dans cette optique, nous devons prendre conscience que les vies des êtres humains, quelles que soient leurs origines ethniques et religieuses, sont d'une importance égale.

---

28. *Le Sûtra du Lotus*, chapitre V, Les Indes savantes, 2007, p. 109.

IKEDA. Le respect de la diversité et du dialogue et la perception de l'universalité sont les conditions requises pour la création d'une culture de paix. Le respect de la diversité signifie reconnaître et honorer les personnes différentes de nous, apprendre d'elles et assimiler ce que nous apprenons. Avec ce type d'attitude ouverte, les individus, les groupes et les nations peuvent constamment se développer et s'améliorer. En revanche, un esprit fermé qui exclut les autres ne cesse de régresser.

UNGER. Je vous rejoins sur ce point. Pour établir une culture de paix, nous devons respecter la diversité de la vie et de la nature et créer des valeurs humaines universelles. Cela requiert tolérance et moralité. La tolérance est le pont indispensable vers un monde nouveau où les êtres humains reconnaissent mutuellement la dignité de la vie de tous ceux qu'ils rencontrent.

IKEDA. Seule une culture de paix peut nous orienter vers une civilisation planétaire d'abondance, dans laquelle les diverses cultures se stimulent et s'influencent mutuellement. Comme nous l'avons dit, il est indispensable de développer un esprit de tolérance active.

UNGER. En effet. Les peuples du monde entier – qu'ils soient bouddhistes, chrétiens, musulmans ou athées – doivent prendre conscience de l'importance et de la valeur d'une tolérance active.

IKEDA. À travers toute l'Histoire, les discriminations liées aux différences de civilisations, de cultures et d'ethnies ont engendré d'innombrables tragédies que l'esprit de tolérance active aurait pu empêcher. Nous devons respecter les autres conceptions de la culture et de l'éthique qui ont cours dans le monde et en tirer humblement des leçons.

UNGER. C'est exactement ce que je pense. En 2004, l'Académie européenne des sciences et des arts a créé à Salzbourg l'institut du cardinal König. C'est un forum ouvert aux croyants des diverses religions ainsi qu'aux non-croyants. (Le cardinal König en fut le président honoraire jusqu'à son décès, survenu peu de temps après la création de cet institut.) Ses objectifs sont de conduire des dialogues interreligieux, de promouvoir des échanges d'opinions avec des athées, et de transformer l'intolérance en tolérance. Pour reprendre vos termes, c'est un lieu où l'on respecte les autres conceptions de la culture et de l'éthique qui ont cours dans le monde et où l'on s'efforce d'en tirer des leçons.

IKEDA. J'ai beaucoup de respect pour la grande lucidité et les réalisations du cardinal König. Le dialogue, deuxième condition requise pour établir selon moi une culture de paix, est un moyen concret de cultiver l'esprit de tolérance. La culture de guerre accorde la primauté aux sentiments qui poussent à croire à la supériorité de sa propre culture et conduit à se fermer à toutes les autres ; la culture de paix, en revanche, est l'ouverture aux autres cultures.

Parvenir à une telle ouverture n'est pas toujours un processus facile. Comme l'a écrit Arnold Toynbee dans Le monde et l'Occident, « accueillir une culture étrangère est une tâche aussi pénible que hasardeuse[29] ». Il peut alors paraître naïf de s'attendre à ce que tout se passe sans heurts, mais de telles rencontres ne sont pas nécessairement destinées à s'achever par une confrontation destructrice fondée sur la tromperie.

Le comte Richard Coudenhove-Kalergi m'a dit un jour que les plus grandes cultures ont été bâties sur ce qu'elles ont absorbé des autres cultures. Le dialogue est le moyen concret de s'ouvrir à d'autres cultures.

UNGER. Les religions abrahamiques ont souligné l'importance du dialogue, tout particulièrement tel qu'il apparaît dans les Évangiles chrétiens. Dans un discours que j'ai délivré

---

29. Arnold Toynbee, *The Word and the West* (Le monde et l'Occident), London Oxford University Press, 1953, p. 81.

à l'université Soka en juillet 1997, j'ai dit aux étudiants que notre capacité à nous engager dans le dialogue déterminera le destin futur de notre planète.

Le dialogue génère la vertu de tolérance. Apprendre et agir en accord avec cette vertu permettent d'établir les bases de la paix. Les dialogues interreligieux dressent des ponts au-dessus des fossés philosophiques et créent les fondements de la paix mondiale.

Ce qui est merveilleux, dans le dialogue, c'est que non seulement vous formulez vos propres convictions, mais vous écoutez aussi attentivement les voix de personnes dotées d'autres origines religieuses et culturelles. Toutes leurs idées et déclarations contribuent à la réalisation de la paix mondiale. Par ailleurs, je suis profondément touché par la façon dont vous encouragez vos nombreux amis à lutter pour mener des vies créatives et précieuses.

IKEDA. Je vous remercie. Je suis convaincu que le dialogue a le pouvoir de transcender les différences et d'unifier notre monde. Fort de cette conviction, je me suis engagé dans des dialogues interculturels et interreligieux avec des intellectuels et des dirigeants de toute la planète.

UNGER. Vous avez agi en effet. En matière de contacts, plutôt que d'attendre que les autres viennent vers vous, il convient d'avancer vers eux et de les rencontrer dans un esprit positif, tout en exprimant par ailleurs fermement nos opinions personnelles.

IKEDA. Tout à fait. S'engager dans le dialogue, ce n'est pas écouter simplement ce que les autres ont à dire. Le dialogue permet d'établir compréhension et respect mutuels. Sans une foi et une philosophie solides, il est impossible de comprendre les autres ou de s'engager avec eux dans un véritable dialogue. Sans dialogue, les êtres humains errent dans les ténèbres de l'autosuffisance. Le dialogue apporte sa lumière sur cette froide obscurité et nous montre la voie à suivre.

Percevoir l'universel – la valeur éternelle de la vie

IKEDA. En définitive, sur la vaste plaine illuminée par le dialogue émergent des valeurs éternelles – et l'on pénètre ainsi dans ce qui est selon moi la troisième condition requise pour une culture de paix. Les échanges à grande échelle ou même la cohabitation avec d'autres cultures permettent de pénétrer plus profondément dans notre propre culture. Traiter de la nature intérieure d'une culture ou d'une tradition constitue un retour aux sublimes sources spirituelles d'où elles jaillissent et permet de découvrir des valeurs universelles parmi les particularismes. Les valeurs universelles ancrées dans l'éternel, voilà ce qui sous-tend l'énergie spirituelle présente dans toutes les grandes cultures et civilisations. Une éthique fondée sur ces valeurs spirituelles devrait naître dans l'interaction avec la civilisation moderne et aboutir à des applications concrètes. Telle est la tâche qui incombe aux personnes de religion. Une religion qui prend en compte la personne dans son intégralité et recherche l'harmonie avec la société et l'environnement naturel apporte une grande contribution à la quête de valeurs universelles, tout en permettant à chacun de manifester son originalité.

UNGER. La religion a la noble tâche de préserver les valeurs. Quand elle se fonde sur la valeur éternelle de la vie, elle sert aussi de base à la formation d'une culture. En acceptant sa mission en lien avec les valeurs éternelles, elle offre un socle à une vaste culture humaniste et contribue à l'édification de la tolérance dans le domaine culturel. Les êtres humains ne peuvent contribuer spontanément à la culture que s'ils révèrent la vie et respectent tout ce qui constitue la création de Dieu.
Je respecte profondément la façon dont, sur la base de la valeur de la vie, le vaste réseau de la SGI s'engage dans des activités puissantes et positives afin de bâtir une culture de paix. Toute personne qui lutte pour la paix ne peut qu'approuver les actions de votre mouvement.

IKEDA. Les religions au XXIe siècle auront besoin de manifester toute leur grandeur pour transcender le sectarisme et contribuer au bonheur de l'humanité. Pour le bien de la paix, elles doivent sonder en profondeur leurs valeurs universelles en faveur de la vie et conduire sans cesse des dialogues dans un esprit de citoyenneté mondiale. Tel est, je crois, le rôle des personnes dotées aujourd'hui d'une foi religieuse.
Concrètement, il s'agit de permettre à chacun de cultiver un esprit de tolérance positive dans son esprit. Depuis la création de la Soka Gakkai, ses pratiquants ont combiné leur révolution humaine personnelle avec leurs efforts pour améliorer la société. Nous sommes déterminés à persévérer de façon claire et constante sur cette voie durant les années à venir.

UNGER. Quand nous luttons pour vivre ensemble dans l'harmonie et que nous faisons spontanément et librement de la tolérance notre valeur première, nous pouvons percevoir toute l'humanité avec un regard juste. En partant de chaque personne, tel un feu qui se répand, cet esprit se transmettra à la famille, à l'environnement, au pays tout entier et traversera les continents. Accomplir le premier pas vers la paix à partir de notre foyer lance le processus qui permet de créer les conditions pour développer tolérance et vertu. C'est pour cela que j'attends beaucoup du développement futur de la Soka Gakkai.

Le désir de paix exprimé dans la Déclaration universelle des droits de l'homme

IKEDA. Une stricte observance des droits humains est indispensable pour établir une culture de paix durable. Néanmoins, dans le monde entier, on voit se répandre aujourd'hui les discriminations et d'autres formes de violation des droits humains. Ce phénomène est tout particulièrement perceptible à travers un ensemble de problématiques, incluant le terrorisme, les guerres civiles, la pauvreté, la faim ou encore le Sida qui affectent l'Afrique.

UNGER. La destruction de l'environnement, la pauvreté et la guerre qui frappent l'Afrique constituent en effet l'une des plus grandes tragédies de l'humanité. La responsabilité en incombe en grande partie aux puissances occidentales et à leurs politiques de colonisation. En tant que médecin qui se consacre à protéger la vie, j'éprouve une peine immense devant les malheurs actuels du continent africain.

IKEDA. L'aide à l'Afrique a été l'un des thèmes majeurs du Sommet du G8 qui s'est tenu en Écosse en 2005. On a dit que douze millions d'enfants africains avaient perdu au moins l'un de leurs deux parents à cause du Sida. Errant dans les rues, ceux que l'on a appelés les orphelins du Sida vivent dans une pauvreté qui ne cesse d'empirer. Ils manquent de nourriture et de vêtements, sont réduits en esclavage ou enrôlés de force dans les armées, et contraints à la prostitution ou à la mendicité. Éliminer la pauvreté causée par ces malheurs est essentiel pour garantir le respect des droits humains au XXIe siècle.

UNGER. Toute personne qui n'a pas la passion de protéger la vie n'a pas non plus la passion des droits humains. Les droits humains sont l'une des règles les plus significatives, acquises au prix d'un lourd tribut. L'histoire des droits humains est le fruit de la sécularisation européenne. Il faut se souvenir qu'à un moment donné l'Église dominait totalement la vie quotidienne. La sécularisation trouve sa source dans la Révolution française, et le concept de droits humains vient aussi de là. La notion de droits humains est donc née dans le contexte européen et elle a grandement facilité la démocratisation en Europe au XXe siècle.
Pensez-vous que ce concept de droits humains a vraiment une valeur universelle qui peut s'inscrire également dans une tradition non européenne à l'échelle de la planète ou croyez-vous plutôt qu'il reflète essentiellement la tradition européenne, tout particulièrement la tradition issue de la Révolution française ?

IKEDA. Indéniablement, l'Europe a joué un rôle majeur dans l'instauration des droits humains. Ainsi, le mouvement des Lumières dans l'Europe du XVIIIe siècle fut un jalon essentiel dans la lutte pour les droits humains revendiquée par les révolutions américaine et française. Au XXe siècle, en Europe et dans beaucoup d'autres parties du monde, les peuples se sont efforcés d'établir des fondations solides pour l'universalisation du respect des droits humains. Tout cela a culminé avec la Déclaration universelle des droits de l'homme adoptée par la troisième réunion de l'Assemblée générale des Nations unies en 1948. Dans cette déclaration, nous pouvons percevoir une ferme détermination à ce que les abominables violations des droits humains commises durant la Seconde Guerre mondiale ne se répètent pas.

Parmi ceux qui ont apporté une contribution majeure à cette déclaration universelle figurent Austregésilo de Athayde (1898-1993), ancien président de l'Académie des lettres brésiliennes – avec qui je me suis engagé dans un dialogue sur le thème des droits humains au XXIe siècle ; le Pr René Cassin (1887-1976), ancien président de la Cour européenne des droits de l'homme à Strasbourg et lauréat du prix Nobel de la paix ; et Eleanor Roosevelt (1884-1962). M. Athayde accordait aux droits humains la primauté sur les systèmes politiques et déclarait que ces droits, éternels et universels, devaient être affranchis des restrictions nationales ou historiques [30]. Afin de donner une base juste à leurs travaux, les corédacteurs de cette déclaration universelle, et notamment M. Athayde, ont remonté le cours de l'Histoire et révélé que la question des droits humains apparaissait dès le XVIIIe siècle avant notre ère, dans le Code de Hammurabi [31].

---

30. Cf. Austregésilo de Athayde et Daisaku Ikeda, *Les Droits humains au XXIe siècle – Un dialogue*, L'Harmattan, 2013.

31. *Ibid.*, p. 41.

Le sacré au sein de l'humanité

IKEDA. Dans notre discussion sur ce qui constitue le socle universel des droits humains, M. Athayde a mentionné les Dix Commandements de Moïse[32]. En réponse, j'ai mentionné les cinq et dix préceptes de bien qui représentent des bases éthiques respectées par les bouddhistes. Ils commencent également par l'interdiction d'ôter la vie. En d'autres termes, ils appellent à la non-violence et au respect de la vie. Le bouddhisme met en avant la dignité de la vie parce que chaque existence est dotée de l'état de bouddha et a la possibilité de le manifester.

« J'éprouve de la sympathie pour le bouddhisme, m'a dit avec beaucoup d'enthousiasme M. Athayde, car je suis convaincu que le principe de dignité humaine ne bénéficiera jamais d'une large adhésion si l'on ne s'éveille pas à la part sacrée que nous possédons en nous-mêmes[33]. » Et il a déclaré que le bouddhisme avait sa propre version de l'évolution des droits humains.

Nichiren a clairement défendu la liberté inhérente à l'humanité. Lui qui vivait dans le Japon féodal a souffert de la terrible oppression des autorités. Il a cependant proclamé : « Même s'il semble que, comme je suis né sur le domaine du souverain, je doive le suivre en actes, je ne le suivrai jamais en esprit[34]. » Ces paroles représentent la cristallisation d'une philosophie qui prône la liberté de l'esprit humain. Elles sont incluses dans la compilation *La naissance des droits humains* réalisée par l'Unesco pour célébrer le vingtième anniversaire de la Déclaration universelle des droits de l'homme.

Célébrer les droits humains développe l'esprit de tolérance, alors que les mépriser permet la prolifération de ce grand

---

32. *Ibid.*, p. 84.

33. *Ibid.*, p. 97.

34. *Les Écrits de Nichiren*, « Choisir en fonction du moment », Soka Gakkai, p. 585.

mal qu'est l'intolérance. C'est pour cela qu'au XXIe siècle les religions mondiales, notamment le christianisme et le bouddhisme, doivent redoubler d'efforts afin de faire jaillir de leurs traditions intellectuelles et spirituelles un socle philosophique pour les droits humains.

UNGER. Durant le XXe siècle, le monde dut subir à deux reprises des conflits mondiaux. Pour empêcher que ne se reproduise cette histoire tragique, nous devons proclamer avec ferveur la valeur de la vie humaine et protéger la dignité de cette magnifique création de Dieu qu'est l'humanité. Au siècle passé, le concept des droits humains a été utilisé par l'Occident pour entraver les nations du bloc de l'Est. Mais si nous examinons honnêtement les comportements des nations occidentales, nous nous rendons compte qu'elles ont trop souvent enfreint elles-mêmes ces droits. Nous devons donc briser ce schéma politique afin d'enrichir et de développer l'idée même de droits humains. En cette ère de mondialisation, nous devons adopter un nouveau point de vue intégrant la tolérance et le respect de la dignité de la vie. Comment voyez-vous dans l'avenir le développement des droits humains ?

IKEDA. L'interprétation des droits humains connaît actuellement des changements considérables parce que les problèmes liés à l'environnement sur le plan planétaire et les dommages causés par les guerres soulèvent des questions qui ne sont pas incluses dans le concept tel qu'il était conçu par le passé. Cela aboutit à ce que l'on appelle la troisième génération des droits humains qui s'étendent aux droits liés à l'environnement, à la paix, à la croissance et au développement. Cette extension tendra aussi à inclure par la suite non seulement les droits humains, mais aussi ceux des plantes et des animaux.

L'enrichissement et l'expansion du concept de droits humains nécessitent un grand esprit de tolérance et le respect de la dignité de la vie. Il nous faut aussi une solide philosophie qui établisse clairement la dignité de la vie.

Nous devons cesser de mettre l'accent avant tout sur les intérêts corporatistes et nationaux pour privilégier les intérêts de l'humanité. Résoudre les problèmes liés aux droits humains exige aujourd'hui une solidarité populaire à l'échelle mondiale. Nous devons tous nous unir pour surmonter les égoïsmes nationaux, ethniques et corporatistes.

UNGER. Je suis tout à fait d'accord. Le but ultime de l'humanité est la paix mondiale et l'amélioration de l'environnement à l'échelle mondiale. La question des droits humains est un pont vers le dialogue entre civilisations pour une coexistence pacifique de toute l'humanité. Nous devons accorder la plus grande attention aux causes de division entre les peuples, ainsi qu'aux discriminations économiques et aux tendances à exploiter les autres. Exercer nos propres droits sans prendre en considération les droits des autres est narcissique, ce qui incite à la destruction de l'environnement et conduit au malheur. Il est important de ne pas se comporter ainsi et de comprendre que l'existence des autres enrichit la nôtre.

IKEDA. Tout à fait. Protéger nos droits tout en enfreignant ceux des autres est inacceptable. « Nous » et non « je » devrait être le mot du siècle. Nous devons vivre les uns avec les autres, nous soutenir mutuellement et créer ensemble une ère de prospérité spirituelle.

UNGER. En ce sens, nous avons besoin, en quelque sorte, de changer de perspective et de nous placer dans l'optique des droits humains. Pour abandonner l'égoïsme qui ouvre la porte à l'exploitation des autres, nous devons nous cultiver et nous éduquer en tant qu'êtres humains et être capables de prendre en considération les droits d'autrui. Se préoccuper exclusivement de ses propres droits reflète un état d'esprit très étroit. Notre véritable objectif devrait être de nous développer, de nous éveiller et d'accroître notre vitalité. Ainsi, plutôt que d'avoir recours à l'exploitation d'autres personnes, nous chercherons à vivre en apportant de la vitalité à chaque être humain et à tout ce qui existe. En définitive, c'est ainsi que l'on peut bâtir une société pacifique.

IKEDA. Le développement intérieur et l'épanouissement de la nature humaine, tel est l'objectif des droits humains, et c'est aussi la source principale du bonheur. Une coexistence harmonieuse est impossible si chacun ne se soucie que de ses droits personnels en ignorant ceux des autres. Dans de telles conditions, on ne peut pas vraiment garantir les droits humains.

UNGER. En ce début de nouveau millénaire, les droits humains sont encore insuffisamment célébrés. Durant tout le xxe siècle, la liberté individuelle et les autres droits prirent une grande importance en tant que moyens de rationaliser et de satisfaire les désirs matériels. Cependant, avec l'avancée de la mondialisation, ces droits ne sont devenus qu'un prétexte pour accéder à une existence quotidienne sans heurts. À notre époque, chacun se contente d'insister sur ce point. Je pourrais dire, au risque d'être mal compris, que les droits humains ne sont qu'un élément particulier et que l'objectif global est de permettre la formation et le plein épanouissement d'un être humain complet.

IKEDA. Cet être humain complet que vous évoquez garde un œil attentif sur la situation des autres et est capable de se contrôler lui-même. Une personne de ce type n'essaie jamais de construire son propre bonheur sur le malheur d'autrui. Le poète autrichien Hugo von Hofmannsthal (1874-1929) a écrit un jour qu'une personne qui mène une vie authentique s'identifie aux autres et partage leurs souffrances et leurs joies[35]. Il ajouta qu'une telle personne ne reste jamais froide et distante dans sa relation avec son entourage[36]. Le

35. Voir Hugo von Hofmannsthal, *Buch der Freunde* (Le Livre de l'amitié), Leipzig, Insel-Verlag, 1922, p. 5.

36. *Ibid.*, p. 13.

contrôle de soi commence à se manifester quand nous comprenons que nous existons parce que les autres existent aussi et que nous nous sentons concernés par ce qui vit autour de nous, notamment les autres êtres humains. Négliger le contrôle de soi et ne mettre l'accent que sur nos droits détruisent l'environnement dont nous dépendons, mettant ainsi en danger la suite de notre existence. C'est pour cela que former des êtres humains complets capables de se contrôler eux-mêmes et de se soucier des autres est indispensable pour créer un siècle des droits humains.

Comme je l'ai mentionné précédemment, Nichiren a écrit que les diverses souffrances endurées par tous les êtres vivants – toutes sont aussi les souffrances de Nichiren. Cet esprit de compassion et d'empathie est la source du mouvement de la SGI et devrait être le fondement de la philosophie des droits humains au XXIe siècle.

UNGER. Fondamentalement, tous les grands fondateurs de religions – Abraham, le Christ, Shakyamuni et d'autres – ont eu pour objectif, une coexistence pacifique et la prospérité de la planète et de l'humanité. Leurs enseignements visent à promouvoir l'atteinte de tels objectifs. Mais, malheureusement, on ne peut pas dire que les responsables religieux d'aujourd'hui ont toujours la même quête. Pour que ce soit le cas, il faudrait que ces dirigeants se confrontent à des questions majeures comme la paix et l'environnement de la planète.

IKEDA. Il est temps de revenir au point de départ de tous les grands fondateurs qui, dans leur désir de libérer l'humanité, recherchaient le bonheur humain. Il y a plus d'un siècle, Makiguchi déclara avec force que l'humanité devait aller au-delà de la compétition militaire, politique et économique et s'engager dans la compétition humanitaire. Les personnes ordinaires elles-mêmes doivent prendre la tête de ce mouvement pour le changement.

Le Pr Toynbee disait que l'Histoire était mue par des courants souterrains profonds et à peine perceptibles. Les activités de tous les êtres humains et leur force collective créent le courant souterrain d'une époque. Les personnes conscientes de leur propre dignité et de celle des autres génèrent un changement à l'endroit même où elles se trouvent.

Permettre à chacun d'opérer une révolution dans sa vie et permettre à des populations entières d'aller dans ce sens sont la clé pour transformer le destin de l'humanité. Tel est fondamentalement l'idéal de la Soka Gakkai.

Nous devons manifester notre colère et lutter inlassablement contre tout ce qui menace ou piétine la dignité de la vie. La colère dirigée contre le mal est une bonne chose et crée des valeurs. Nichiren a écrit : « Comprenez bien que la colère peut être soit une bonne, soit une mauvaise chose[37]. » Lutter contre le mal développe le bien en soi et chez les autres. Le respect des droits humains n'est pas un concept abstrait. On ne peut pas l'acquérir simplement par des lois ou en s'appuyant sur un système. Il doit émerger de la lutte incessante contre les injustices qui piétinent la dignité de la vie. Je crois que l'aube d'un siècle des droits humains apparaîtra quand les personnes ordinaires s'éveilleront avec fierté à leur dignité universelle, affronteront des questions concrètes et s'élanceront dans une compétition humanitaire.

La paix commence au sein de notre foyer

IKEDA. Je suis convaincu qu'un siècle des femmes ne peut être qu'un siècle de paix. En effet, les femmes devraient et doivent jouer un rôle majeur dans l'établissement d'une culture de paix. Je suis bien évidemment opposé aux strictes délimitations des rôles à partir du genre. L'important est que les femmes comme les hommes soient heureux. Assigner certains

37. *The Writings of Nichiren Daishonin*, vol. 2, soka Gakkai, p. 931.

rôles exclusivement aux hommes et d'autres uniquement aux femmes apporte le malheur et crée des priorités erronées.

UNGER. J'attends beaucoup des actions des femmes pour la paix. Et je crois, moi aussi, qu'assigner des rôles sur la seule base du genre est une erreur. Fondamentalement, hommes et femmes ensemble composent l'humanité, et c'est sur eux que repose l'avenir. Les Saintes Écritures ne mettent pas suffisamment en avant le rôle des femmes. Néanmoins, selon les enseignements chrétiens, Dieu a créé les hommes et femmes qui constituent l'humanité et leur a confié la tâche de s'instruire eux-mêmes et d'instruire les autres. Les deux sexes possèdent l'un et l'autre une incomparable dignité et doivent contribuer à défendre la valeur et la dignité de toute vie.

IKEDA. Tout à fait. Bien qu'il ait vécu à une époque où les femmes étaient largement méprisées, Shakyamuni ne fit jamais preuve de discrimination à leur égard. Il les admit dans la communauté bouddhique au sein de laquelle elles s'évertuèrent à jouer un rôle actif même après sa mort. Il y a plus de sept siècles, Nichiren s'est lui aussi dressé fermement contre l'inégalité des sexes, convaincu que hommes et femmes ont également une noble mission : « Il ne devrait pas y avoir de discrimination entre ceux qui propagent les cinq caractères de *Myoho-renge-kyo* à l'époque de la Fin de la Loi, qu'ils soient hommes ou femmes[38]. » Que ce soit au foyer, sur le lieu de travail ou dans l'environnement, l'attitude la plus correcte pour les hommes comme pour les femmes consiste sans aucun doute à faire pleinement usage de leurs caractéristiques propres en s'appuyant sur le respect mutuel et l'égalité.

Le préambule de la charte de la tolérance de votre académie déplore la situation actuelle où « la famille elle-même est

38. *Les Écrits de Nichiren*, « La réalité ultime de tous les phénomènes », Soka Gakkai, p. 389.

de plus en plus en danger et de moins en moins capable d'accomplir sa tâche principale qui est d'être le noyau stable des communautés humaines[39] ». Mon expérience personnelle m'a enseigné que famille et amis apportent la motivation qui permet à chacun de mener de vigoureuses activités sociales. Le foyer est le fondement des relations humaines et les femmes y jouent un rôle majeur.

UNGER. Une profonde solidarité sociale me paraît irréalisable sans un ancrage dans un foyer. Mais, aujourd'hui, famille et foyer perdent le pouvoir de stabiliser la société et de créer la solidarité.

IKEDA. Le foyer est l'unité sociale à la fois la plus petite et la plus importante. Il ne peut y avoir de stabilité dans la société sans stabilité dans les foyers. Le psychologue Erich Neumann (1905-1960) a écrit que les hommes et les femmes étaient liés par des éléments conflictuels : le jour et la nuit, la conscience patriarcale et la conscience matriarcale, etc. Tout en manifestant leur productivité propre, ces éléments se complètent mutuellement et contribuent à créer ensemble fructification et union[40]. C'est ainsi que l'on peut créer un foyer stable. Les enfants y vivent alors comme dans un havre sûr où les parents essaient de comprendre leurs points de vue et partagent à la fois leurs troubles et leurs joies. L'attitude optimiste et ouverte des parents envers leur environnement et envers la société imprègne l'esprit des enfants et devient la force motrice qui conduit à la cohésion sociale.
Eleanor Roosevelt a dit que les droits humains universels naissaient autour du foyer[41]. En fait, le foyer est l'endroit où

39. http://www.euro-acad.eu/downloads/memorandas/charta_of_tolerance.pdf (mis en ligne le 5 décembre 2015)

40. Traduit de l'allemand. Erich Neumann, *Zur Psychologie des Weiblichen*, Frankfurt am Main, Fischer Taschenbuch Verlag, 1983, p. 101.

41. Cf. David Winner, *Eleanor Roosevelt*, San Diego, CA, Blackbirch Press, 2003, p. 52.

l'esprit de tolérance et la conscience des droits humains se forment et s'épanouissent.

UNGER. Grâce à leur force spécifique, les femmes jouent un rôle essentiel dans la stabilité du foyer. Même si, depuis quelques années, les hommes se sont mis à apporter leur aide, l'éducation des enfants a toujours été un domaine où ce sont les femmes qui se sont le plus impliquées. Je me demande souvent pourquoi le magnifique travail accompli par les femmes pour élever les enfants et créer un foyer stable n'est pas reconnu à sa juste mesure.

IKEDA. Quand j'ai rencontré pour la première fois votre famille en 1997, votre épouse Monica m'a fait entrevoir l'importance de la femme dans le couple en disant qu'elle avait été mère pendant plus de vingt ans sans jamais se sentir victime. Dans le cas contraire, il arrive que les enfants dont les mères ressentent leur maternité comme un fardeau aient tendance à se considérer eux-mêmes comme des victimes.
La futurologue américaine Hazel Henderson, avec qui j'ai publié un dialogue intitulé *Pour une citoyenneté planétaire*[42], est bien connue pour son concept d'économie de l'amour. Les femmes soutiennent la production économique des entreprises en s'occupant de leur foyer, en élevant les enfants, en prenant soin des malades et en rendant des services à leur environnement. Bien que leur productivité réelle compte bien pour la moitié de la productivité globale, leurs efforts ne sont pas pris en compte dans le produit national brut (PNB) et ne leur valent aucune rémunération. Mme Henderson est convaincue que l'économie de l'amour devrait être le critère adopté pour remplacer le PNB. Sa théorie met en lumière les contributions sociales des femmes, jusqu'ici ignorées par l'économie, et l'importance de protéger, de partager et de respecter profondément la vie et la nature.

---

42. L'Harmattan, 2005.

UNGER. Aujourd'hui, beaucoup de femmes doivent harmoniser leurs activités de mère avec un travail extérieur. Cependant, en plus de leur rôle biologique lié à la maternité, leur rôle social reste insuffisamment développé.

IKEDA. Nous devons avoir une juste évaluation du pouvoir des femmes et faire l'éloge de leurs opinions et de leur rôle. Le poète indien Rabindranath Tagore (1861-1941) a dit que les femmes avaient une plus forte vitalité intérieure que les hommes[43] et que leur force était indispensable pour forger une civilisation spirituelle[44]. Par comparaison avec la civilisation contemporaine dominée par les hommes, il espérait que le pouvoir des femmes permettrait de cultiver une civilisation de l'âme fondée sur la compassion. Il espérait que « la prochaine civilisation ne serait pas fondée uniquement sur la compétition économique et politique et sur l'exploitation d'autrui, mais sur la coopération sociale à l'échelle mondiale ; sur des idéaux spirituels de réciprocité et non sur des idéaux économiques fondés sur l'efficacité. Et les femmes y auront la place qui leur revient[45] ».

Gandhi exprima lui aussi de façon claire et directe sa conviction que les femmes détenaient les clés de la création d'un monde non violent. Il a déclaré : « S'il faut entendre par force la force morale, alors les femmes sont tout à fait supérieures aux hommes [...] Si la non-violence est la loi de notre être, alors l'avenir appartient aux femmes[46]. »

Les femmes sont plus à même de comprendre et de soulager la souffrance parce que, à travers toute l'Histoire, dans les périodes d'agitation sociale, de guerre, de violence, de suppression des droits humains, de famine et d'épidémie,

---

43. Cf. Rabindranath Tagore, *The English Writings of Rabindranath Tagore* (Les écrits anglais de Rabindranath Tagore), Sisir Kumar Das, New Delhi, Sahitya Akademi, 1996, vol. 2, p. 413.

44. *Ibid.*, p.Ó416.

45. *Ibid.*

46. Mahatma Gandhi, *Tous les hommes sont frères*.

ce sont elles qui ont le plus souffert. Le sens de leurs responsabilités par rapport à l'avenir des enfants confère une grande force à leurs voix. Je crois que, au XXIe siècle, les activités et les contributions des femmes dans de nombreux domaines commenceront par réformer la société, puis la nature même de la civilisation. Fondamentalement, les femmes sont des pacifistes qui ont la faculté émotionnelle de protéger la vie et d'éprouver de la compassion.
L'auteure et militante pour la paix autrichienne Bertha von Suttner (1843-1914) a montré les grandes réalisations que pouvait accomplir une femme qui se consacre sincèrement à la paix, et cela peut changer l'Histoire. Son roman contre la guerre *Die Waffen nieder !* (Bas les armes ! 1889) eut un grand impact sur les lecteurs[47]. En dépit des incompréhensions et des calomnies, elle continua résolument à écrire et à délivrer des conférences, renforçant ainsi l'unité pour la cause de la paix. Son influence sur Alfred Nobel joua un rôle majeur dans la création des prix Nobel de la paix. Quand un conférencier invité à un débat sur la paix à l'université de Vienne – votre *alma mater* – déclara que les êtres humains étaient incapables de changer le cours de l'Histoire, elle défendit énergiquement l'idée contraire. Elle était elle-même la manifestation vivante de la justesse de ce qu'elle affirmait.
Il ne fait aucun doute que tout adulte, homme ou femme, qui a le sens de ses responsabilités vis-à-vis de l'avenir et veut l'influencer peut devenir une force motrice qui contribue à mettre un terme à la culture de guerre et à développer une culture de paix.

UNGER. C'est tout à fait exact. Pour la paix et la prospérité de notre planète, quand nous nous interrogeons sur le rôle des hommes et des femmes, il importe que nous adoptions une perspective mondiale. Notre existence même est le résultat d'une coopération entre les deux sexes. Hommes et femmes

---

47. Bertha von Suttner, *Die Waffen nieder !* (Bas les armes !), Dresde, Edgar Pierson, 1889.

ont tous un rôle à jouer. Si nous jouons tous la part qui nous est allouée par le destin, nous pourrons connaître un grand développement personnel et remporter une victoire éclatante.

L'éducation humaniste

IKEDA. L'éducation humaniste est le fondement d'une culture de paix. Depuis quelques années, on se préoccupe beaucoup au Japon de l'augmentation du nombre de crimes abominables perpétrés par des personnes de plus en plus jeunes. Une tendance à sous-estimer la vie dans une société qui se soucie principalement d'efficacité et de matérialisme contribue largement à cette tendance. Le pouvoir de l'éducation est d'une grande importance pour réaliser cet objectif impératif : mettre un terme aux tendances inquiétantes incarnées par ces crimes haineux et par la prédominance de la violence.

UNGER. La situation est la même en Europe. Comme je l'ai déjà dit, nous connaissons actuellement une forte sécularisation qui marginalise et étouffe l'Église. Les êtres humains ont oublié le « Tu ne tueras point ». Les critères de valeurs partagés par toutes les religions sont perdus et remplacés par les valeurs matérialistes qui prévalent aujourd'hui. La mondialisation des médias et l'homogénéisation du monde renforcent cette tendance. Il en résulte un mépris pour la valeur de la vie, et les meurtres sont de plus en plus fréquents. Tout cela est lié à l'éducation.

IKEDA. En effet. L'éducation permet aux jeunes, à l'environnement et à tous les pays de créer l'avenir. Mais l'éducation au Japon est aujourd'hui confrontée à des problèmes gigantesques tels que l'absentéisme des élèves, parfois même la déscolarisation, et par l'effondrement du système scolaire. Ces problèmes existent probablement dans de nombreuses régions du monde. Qu'en pensez-vous ?

UNGER. En tant que professeur de médecine, j'ai une approche très simple de l'éducation. Je considère que mes étudiants sont mes enfants. Les pères et mères souhaitent le meilleur pour leurs enfants. C'est pour cela que leur rôle essentiel est d'aider les enfants à avoir des expériences qui nourrissent leur développement.

IKEDA. Je trouve que votre approche consistant à considérer vos élèves comme vos enfants correspond à l'esprit même de l'éducation. Les meilleures expériences se passent en dehors du foyer et en relation avec d'autres enfants. Cependant, dans nos sociétés modernes industrialisées, les enfants passent beaucoup trop de temps enfermés, absorbés par leurs ordinateurs et leurs jeux vidéo.

UNGER. C'est vrai. Dans la société de l'information d'aujourd'hui, beaucoup d'éléments, notamment les médias, ont un immense impact sur les enfants. La répétition quotidienne d'images télévisées présentant de terribles scènes de violence joue clairement un rôle néfaste sur l'éducation. La présentation sur les écrans de télévision d'actes terroristes et de meurtres en série est considérée comme légitime.

IKEDA. Il est indéniable que des programmes télévisés de grande qualité cultivent et enrichissent la sensibilité des enfants. Mais, en s'appuyant sur l'hostilité et la colère, des stimulations visuelles violentes et agressives affaiblissent l'imagination et l'empathie. Laisser les enfants confinés dans des environnements où ils ne font rien d'autre que recevoir passivement des images diminue leurs capacités à penser, juger, aimer et faire preuve d'empathie.
La vie de famille et les bonnes lectures, notamment la lecture des classiques, peuvent former une barrière protégeant les enfants des influences délétères exercées par la réalité virtuelle aujourd'hui prédominante. La lecture enrichit beaucoup le monde spirituel des enfants. C'est un défi pour l'esprit qui les aide à recueillir et choisir, parmi la

vaste quantité d'informations diffusées par les médias, et à développer leurs propres capacités à émettre des jugements actifs et à se projeter par l'imagination dans des situations d'empathie.

UNGER. Les enfants d'aujourd'hui vivent dans une société d'intolérance, de guerre et d'agression. Pour contrecarrer ces influences, on ne soulignera jamais assez l'importance des contacts avec des bons livres, qui permettent de cultiver un jugement sûr et un grand pouvoir d'imagination. Renforcer la famille est une façon de réduire la mauvaise influence des médias. Parce que, d'une certaine façon, les médias sont plus influents que les parents et la famille, mon commentaire peut paraître irréaliste. Mais les parents doivent servir de modèles et continuer de placer leur espoir dans l'éducation.

IKEDA. Les enfants sont le miroir de la société, un reflet de l'époque en miniature. Les problèmes d'aujourd'hui liés au comportement anormal des jeunes s'ancrent dans l'affaiblissement de l'influence éducative que la famille, l'environnement et la société sont censés exercer. Sur cette question de l'éducation, nous, adultes, devons voir notre propre reflet dans le miroir que nous offre la réalité et rechercher toujours les moyens de nous comporter correctement. Comme vous le dites fort bien, les bons exemples offerts par les adultes ont un effet sur l'amélioration du pouvoir de l'éducation.

Les origines de l'éducation Soka

UNGER. Quelles sont les origines de l'éducation Soka ?

IKEDA. L'éducation Soka, ou éducation créatrice de valeurs, a pour point de départ l'approche humaniste de l'éducation prônée par Tsunesaburo Makiguchi. En mettant ses principes en pratique en tant que directeur d'une école élémentaire, il a développé un système pédagogique mettant en avant la création de valeurs. Il n'a jamais cessé de déclarer que le bonheur des enfants doit être l'objectif de l'éducation. Il vécut au moment où le militarisme japonais était à son apogée et mobilisait toutes les institutions éducatives pour former une jeunesse au service de l'empereur, de l'armée et de la nation. Mais lui voulait en revanche éviter que les enfants soient sacrifiés pour les besoins de la société et aider chacun d'eux à mener une vie heureuse en exploitant ses potentialités infinies. Ce souhait est à l'origine de tous les aspects de sa pédagogie pour créer des valeurs.

Makiguchi a écrit : « L'important est d'établir un objectif de bien-être et de protection de tous les êtres humains, où l'on s'inclut soi-même, mais sans intention d'accroître simplement notre intérêt personnel. En d'autres termes, l'objectif est d'aider les autres à s'améliorer et, en agissant ainsi, on choisit une voie qui nous procure des bienfaits et qui en procure aussi aux autres. Il s'agit d'accomplir un effort conscient pour générer une vie communautaire plus harmonieuse[48]. »

On pourrait donc dire que l'objectif fondamental de l'éducation Soka est de promouvoir notre propre bonheur et celui des autres et de contribuer au développement des autres personnes afin qu'elles puissent aussi s'épanouir.

UNGER. Je vois. Le fondateur de la Soka Gakkai, Tsunesaburo Makiguchi, prôna donc une éducation créatrice de valeurs et montra comment la foi peut permettre de surmonter les problèmes de la vie. Ce type d'éducation humaniste est essentiel pour former des citoyens du monde, c'est-à-dire des citoyens qui pensent et agissent à l'échelle mondiale. Que fait le réseau d'éducation Soka à l'échelle mondiale pour promouvoir ce type d'éducation ?

---

48. Tsunesaburo Makiguchi, *A Geography of Human Life* (La Géographie de la vie humaine), Dayle Bethel, San Francisco, Caldo Gap Press, 2002, p. 286.

IKEDA. Les collèges et lycées Soka, point de départ du réseau d'éducation Soka d'aujourd'hui, ont ouvert en 1968. En cette occasion, j'ai fixé les cinq principes suivants comme objectifs pour une éducation humaniste.

1. Soyez une personne emplie de sagesse et de passion, toujours à la recherche de la vérité et de la création de valeurs.
2. Ne causez jamais de soucis aux autres et agissez de façon responsable.
3. Soyez aimables et courtois avec les autres, rejetez la violence, et valorisez la confiance et l'harmonie.
4. Exprimez-vous et agissez courageusement à partir de vos convictions pour la cause de la justice.
5. Développez l'esprit d'initiative et devenez des dirigeants de valeur au Japon et dans le monde.

Puis, dans la perspective du XXIe siècle, j'ai proposé cinq autres principes.

1. Reconnaître la dignité spécifique inhérente à toutes les formes de vie.
2. Respecter le caractère de chacun.
3. Cultiver de profondes amitiés qui dureront toute la vie.
4. Rejeter la violence.
5. Accorder de l'importance à l'intellect et développer votre intelligence.

Pour ma plus grande satisfaction, grâce aux efforts généreux de tous les enseignants et du personnel administratif, et grâce à la prise de conscience de nos élèves, ces préceptes et principes ont pu se concrétiser.

UNGER. Toutes ces orientations sont tout à fait essentielles.

IKEDA. Depuis que leur école a été inaugurée, les élèves des collèges et lycées Soka interprètent le chant de leur école dont les paroles soulèvent un certain nombre de questions sur les objectifs qui sont les nôtres. Il y est dit notamment :

Dans quel but cultivons-nous notre sagesse ?
Dans quel but déployons-nous notre passion ?
Dans quel but aimons-nous les autres ?
Dans quel but nous efforçons-nous de lutter pour obtenir une reconnaissance éclatante ?
Dans quel but œuvrons-nous pour la paix ?

Ignorer les objectifs profonds auxquels toutes ces questions font référence peut conduire à une sorte de laxisme dans le rapport avec les êtres humains et la société. Au sein de la Soka Gakkai, nous avons pour tradition d'approfondir notre philosophie en nous interrogeant constamment sur nos objectifs, de créer une histoire personnelle grâce aux actions entreprises durant notre jeunesse et d'ouvrir une voie dans la vie en tant que pionniers.
Lors de la première cérémonie d'entrée aux collèges et lycées Soka pour jeunes filles (devenus aujourd'hui des écoles mixtes), j'ai fixé une autre orientation : ne pas construire son bonheur sur le malheur des autres. J'ai aussi déclaré que, au regard du vaste monde, les écoles Soka pouvaient sembler aussi petites qu'une graine de coquelicot, mais que, si nos élèves restaient fidèles à leur idéal et suivaient leurs orientations, notre impact se ferait ressentir en définitive dans le monde entier. C'est qu'en effet le principe qui sous-tend une paix durable est un et universel. J'ai dit tout cela parce que je souhaite que nos élèves développent force et sagesse et contribuent à la création du bonheur et de la paix, partout où ils se trouvent.

UNGER. J'adhère totalement à tous ces principes.

IKEDA. Je demande aux enseignants des écoles et de l'université Soka de faire preuve d'excellence à la fois sur le plan académique et par leur comportement et d'avoir la détermination de s'améliorer eux-mêmes. J'espère aussi qu'ils sauront créer une institution éducative où les élèves passent en premier. Du point de vue des élèves, les enseignants eux-mêmes constituent la plus grande référence en matière d'éducation. C'est un des principes moteurs de l'éducation Soka : en tant que précurseurs d'une éducation humaniste, les enseignants doivent accorder autant de prix à leurs élèves que s'il s'agissait de leurs propres enfants. Je veux que les élèves soient fiers de les avoir connus, qu'ils apprécient leur chaleur humaine et les respectent profondément au point de leur dédier par la suite leurs propres réalisations.

En 1970, le comte Coudenhove-Kalergi visita les collèges et lycées Soka, qui venaient tout juste d'être inaugurés, pour dialoguer avec les élèves et les encourager. Il écrivit un jour que connaître des personnes de bonté, dotées d'un caractère noble, était plus utile pour se former et développer sa propre grandeur que n'importe quoi d'autre[49].

UNGER. À partir de ma propre expérience, je sais combien il est important, en matière d'éducation humaniste, que les jeunes élèves aient des professeurs de très grande valeur. Lorsque les professeurs sont bons, les personnalités des professeurs et des élèves s'imprègnent mutuellement, ce qui favorise l'harmonie entre les enfants et permet un bon développement de leur cerveau, de leur corps et de leur sensibilité.

IKEDA. Thomas Arnold (1795-1842), directeur de la célèbre école libre anglaise de la ville de Rugby, a écrit que ce n'était pas le nom mais la qualité du personnel enseignant qui déterminait si une école était excellente ou au contraire médiocre. Il était aussi convaincu que l'influence des enseignants et les échanges entre élèves stimulés par les professeurs

---

49. Traduit de l'allemand. Richard Nikolaus Coudenhove-Kalergi, *Ethik und Hyperethik* (Éthique et hyperéthique), Leipzig, Verlag der Neue Geist, 1922, p. 115.

étaient déterminants dans la formation de la personnalité [50]. L'éducation humaniste consiste à forger et à peaufiner le caractère des élèves grâce à leurs interactions personnelles avec des enseignants qui remplissent leur fonction avec autant d'affection que des parents. Étant donné que ce sont les professeurs qui font l'éducation, une révolution dans l'éducation doit engendrer une révolution parmi le corps enseignant.

UNGER. Vos paroles me permettent de comprendre pourquoi tant d'espoir brille dans les yeux des élèves des écoles et de l'université Soka. Les enfants étant nos plus précieux trésors, nous devons être très attentifs dans le choix des enseignants. Les écoles d'aujourd'hui semblent trop négligentes dans ce domaine. Personnellement, si j'en avais le pouvoir, je mettrais vraiment l'accent sur les écoles. Nous devons former les enfants afin qu'ils adoptent un point de vue mondial. L'éducation humaniste leur permet de percevoir avec une grande justesse le monde dans sa totalité. Cela ne signifie pas simplement percevoir tout ce qu'il y a de matériel et de visible dans le ciel et sur la Terre, mais aussi ressentir intuitivement les valeurs spirituelles. Les enfants qui peuvent avoir une compréhension fondée sur une perspective holistique peuvent ainsi apprendre à contribuer au bien-être de toute l'humanité. L'éducation humaniste donne une signification nouvelle aux principes majeurs révélés par l'éducation aux sciences naturelles, ce qui rend cette science encore plus utile à l'humanité.

IKEDA. Je suis d'accord. Sans la sagesse qui permet de l'orienter vers le bonheur humain, le savoir le plus sophistiqué n'est pas seulement inutile mais aussi potentiellement dangereux. Josei Toda disait souvent que la plus grande illusion, qui caractérise l'humanité d'aujourd'hui, était de confondre connaissance et sagesse. La connaissance peut mener en

---

50. Cf. Arhtur Stanley, *Life of Thomas Arnold* (La vie de Thomas Arnold), Londres, J. Murray, 1901, p. 94.

effet à la fabrication d'armes de destruction massive. Mais il est aussi indéniable qu'elle peut générer des progrès considérables en matière de confort et stimuler la richesse de l'industrie. Il y a donc grand besoin d'une éducation humaniste en mesure de diriger la connaissance vers le bonheur et la paix. Dans les années à venir, afin que connaissances et informations soient largement orientées vers le bonheur humain, le développement de la sagesse par une éducation humaniste se révélera plus essentiel que jamais.

En tout cas, une réforme intérieure dans la vie d'une seule personne engendrera sans doute la transformation de ceux qui l'entourent, libérant ainsi cette force de transformation chez les citoyens ordinaires jusqu'à guider et façonner l'opinion publique dans le monde entier. Lorsque cela culminera pour former un mouvement de fond en faveur de la paix, les fleurs d'une nouvelle culture pacifiste s'épanouiront pleinement. Nous avons célébré en 2007 le cinquantième anniversaire de la Déclaration de Josei Toda pour l'abolition des armes nucléaires. Nous, bouddhistes de la Soka Gakkai, sommes déterminés à créer la marée montante d'un grand changement d'époque, afin d'aller d'une culture de guerre vers une culture de paix, et nous ne ménagerons pas nos efforts pour promouvoir l'éducation publique au désarmement et aux droits humains.

CHAPITRE IV

Environnement et éducation

IKEDA. Les problèmes environnementaux auxquels nous sommes confrontés exigent des mesures d'urgence. Nous sommes constamment informés des effets destructeurs du réchauffement climatique causés par les émissions de dioxyde de carbone provenant de l'industrie et d'autres sources. De plus, la pollution atmosphérique diminue la couche d'ozone, qui protège la Terre du danger des rayons solaires ultraviolets. Le déséquilibre entre nature et êtres humains crée une crise pour toute l'humanité et toute la planète.

UNGER. La relation que nous avons établie avec la Terre est devenue épouvantable. Nous devons comprendre que notre planète fait l'objet d'une exploitation éhontée, que nous dilapidons nos ressources naturelles et que nous polluons l'eau et contaminons l'air. Nous n'avons qu'une seule Terre – un seul environnement dans lequel nous vivons –, et nous partageons tous la même inquiétude concernant sa destruction potentielle.

IKEDA. C'est tout à fait exact. Depuis la seconde moitié du XXe siècle, lorsque le problème est apparu dans toute sa gravité à l'échelle de la planète, nous avons fini par saisir son ampleur. Nous avons pris conscience que les ressources naturelles que nous gaspillons ne sont absolument pas illimitées.

UNGER. Une plus grande prise de conscience de la crise mondiale peut améliorer notre sens des responsabilités vis-à-vis de l'avenir. Sauver la planète signifie sauver tout ce qui est vivant. En ce sens, cela représente la forme de justice la plus élevée, qu'il ne faut en aucun cas négliger. On ne peut nier que, au cours des quinze dernières années, l'Europe a accompli d'immenses efforts dans ce domaine. Je pense ici aux mesures pour mettre un terme à la pollution, tout particulièrement la pollution de l'eau. Des cours d'eau autrefois fortement pollués sont maintenant assez propres pour que des êtres humains puissent s'y baigner.

IKEDA. C'est un exemple particulièrement symbolique. Récemment, au Japon aussi, la qualité de l'eau s'est améliorée au point que des poissons ont pu retourner dans de nombreuses rivières précédemment polluées.

UNGER. Également symbolique est l'attention croissante accordée au bien-être animal. Mais nous devons encore affronter un problème colossal : la pauvreté sur toute la planète. La seule façon de la combattre est d'annuler les dettes des pauvres et de cesser de les exploiter. Il se trouve d'ailleurs que cette injonction était déjà présente dans la Bible.

IKEDA. Pour mettre un terme à la destruction actuelle de l'environnement à l'échelle de la planète, il faut notamment régler les problèmes majeurs posés par la destruction anarchique des forêts dans les pays en développement et par l'épuisement croissant des terres cultivables. Les conflits d'intérêts entre pays en développement et pays industrialisés compliquent encore la situation.
Au Sommet de la Terre de Johannesburg en 2002, les pays en développement ont remis en cause le droit des pays industrialisés à promouvoir une culture de la consommation et leur ont demandé de s'attaquer au problème de la pauvreté. En d'autres termes, un conflit est apparu sur les moyens d'équilibrer croissance économique et préservation de l'environnement.

UNGER. Ce qui m'agace au plus haut point, c'est l'énorme fossé entre la richesse du Nord et la pauvreté du Sud. L'Afrique est le théâtre d'une tragédie humaine à laquelle l'Occident a contribué. Comme l'a fort bien stipulé le Sommet de Johannesburg, les promesses d'agir sur cette question demeurent de vaines paroles dès lors que l'on continue à se livrer à une surexploitation scandaleuse sans y mettre de frein.

IKEDA. La seule façon de résoudre ce problème posé par le déséquilibre entre développement et environnement consiste, pour les pays industrialisés, à voir au-delà de leurs propres intérêts pour adopter un point de vue mondial.

UNGER. Tout à fait. Mais les conceptions hégémoniques et autoritaires de l'Occident empêchent les pays industrialisés d'adopter un point de vue global visant à améliorer l'environnement et à agir pour la reconstruction économique des pays en développement. Certains pays occidentaux désirent encore tout dominer, comme pendant la période coloniale.

IKEDA. Il est certain que, tant que les nations industrielles ne changeront pas leur façon d'opérer, les problèmes environnementaux de la planète ne feront que s'aggraver.

UNGER. En effet. Mais je crois qu'un changement fondamental de paradigme aura lieu au XXIe siècle et transformera nos valeurs. Nous irons alors d'un attrait avide pour le pouvoir et la domination à la volonté de mener des actions profondément significatives. Cela revient à surmonter notre attachement à nos intérêts immédiats et à nos désirs matérialistes et à lutter pour établir des bases humanistes solides grâce à des efforts délibérés pour nous discipliner et nous développer.

IKEDA. Plutôt que de nous laisser contrôler par les désirs, nous devons, en tant qu'êtres humains, adopter des valeurs plus nobles et rechercher une réforme de l'intérieur et un véritable épanouissement de notre existence.

UNGER. Quand les pays industrialisés adopteront ces valeurs et s'attaqueront à la fois aux problématiques environnementales et à l'assainissement économique des pays en développement à l'échelle mondiale, l'environnement de la planète connaîtra une progression significative.

IKEDA. La clé pour résoudre ces problèmes consiste à changer de critères de valeurs. Le bouddhisme de Nichiren enseigne que les trésors du grenier (la richesse économique) sont moins importants que les trésors du corps (les talents et le statut social), et que rien n'égale l'accumulation des trésors du cœur (le trésor de la bonté) grâce à nos actions altruistes. C'est là le point essentiel. La richesse personnelle et la position sociale n'apportent pas le véritable bonheur.

Notre objectif devrait être le bonheur des autres autant que le nôtre, et nous pouvons y parvenir en peaufinant et élevant nos qualités humaines et en dépassant notre quête avide de pouvoir, de statut, et de satisfaction de nos désirs matériels.

Dans *La Géographie de la vie humaine,* publié en 1903, Tsunesaburo Makiguchi, le regard tourné vers le siècle qui commençait, proposa que l'humanité évoluât et passât de la compétition militaire, économique et politique à une ère de compétition humanitaire. Ce qu'il avait alors à l'esprit se rapproche beaucoup de ce changement dans le paradigme des valeurs que vous évoquez.

UNGER. Il manque à l'Occident une base spirituelle, ce qui l'oriente vers un matérialisme rigide, qui se reflète notamment dans la dégradation de l'environnement et dans l'absence de plans pour l'avenir. Qu'est-ce que le bouddhisme dit à ce sujet ?

IKEDA. En ce qui concerne les relations entre l'humanité et l'environnement, le bouddhisme de Nichiren enseigne que « si l'esprit des êtres humains est impur, leur terre aussi est impure mais que, si leur esprit est pur, leur terre l'est

également[51] ». Pour extrapoler, si la vie humaine est souillée par l'avidité, les rivalités et l'égoïsme, ces maux perturberont l'environnement social et détruiront l'écologie. Si, en revanche, l'esprit humain est empli d'amour, de non-violence et de respect profond de la nature, ces traits positifs permettront d'harmoniser les actions humaines avec le monde naturel et créeront un environnement social symbiotique. La foi procure la force qui permet le triomphe du bien.
Comme vous le dites, rejeter la foi revient à rejeter ce qui est transcendant et sacré. Cela affaiblit notre pouvoir de contrôle sur nos maux intérieurs, ce qui conduit à la destruction de l'environnement. Le matérialisme, coupé de toute réflexion sur l'avenir, correspond à un rejet de l'esprit et de l'éthique, qui affaiblit le bien et renforce notre injustice intérieure.

UNGER. Devant la vie, le médecin ou le scientifique doivent avoir une attitude déférente et respectueuse, et ces qualités doivent aller croissant à mesure que progresse la connaissance des relations entre la nature et la vie.

IKEDA. Un sentiment de vénération envers la vie est le fondement et correspond à la conception du monde prônée par la religion. Cultiver ce sentiment de vénération est la mission de la religion. Le respect de la dignité de la vie doit constituer un modèle absolu et universel au XXIe siècle parce qu'accorder la plus haute valeur à quelque chose d'autre que la vie mène inévitablement à l'oppression. De plus, le respect profond de la vie est le point de rencontre entre science et religion, et je pense d'ailleurs que vous avez pu le vérifier par votre expérience.

UNGER. Je crois que l'ère du réductionnisme est derrière nous. Toute personne qui tente aujourd'hui de réduire les

---

51. *Les Écrits de Nichiren*, « Sur l'atteinte de la bouddhéité en cette vie », Soka Gakkai, p. 4.

manifestations supérieures de la vie en de simples processus, ramenés au niveau le plus élémentaire, se trouve entraînée dans des contradictions.

IKEDA. L'approche rationnelle moderne représentée par le réductionnisme est insuffisante pour traiter du phénomène de la vie, qui se situe à un niveau plus élevé. Avant l'émergence des sciences modernes, les êtres humains tiraient l'essentiel de leur nourriture de l'environnement naturel, qu'ils ne transformaient que pour créer leur propre lieu de vie. Ils maintenaient un sentiment d'unité avec la nature pour laquelle ils conservaient toujours une véritable vénération. Mais en raison de la révolution industrielle et des progrès des technologies scientifiques, bien que ces derniers aient apporté de grands bienfaits matériels, les êtres humains ont laissé le développement leur échapper et affecter l'environnement. Ce n'est que lorsque la pollution a commencé à peser lourdement sur nous que nous avons été contraints de nous rappeler que l'humanité est en fait inséparable de Mère Nature.

Depuis l'époque de Descartes, on pense que le progrès scientifique dépend de méthodologies analytiques, consistant par exemple à réduire des questions difficiles en partie plus simples. Mais, en fait, toutes les formes de vie sont originellement reliées à une seule grande entité. L'agronome et microbiologiste américain d'origine française René Dubos (1901-1981), que j'ai eu l'occasion de rencontrer, a écrit un jour : « Qu'il se fonde sur des convictions religieuses, philosophiques ou sociales, le sentiment que la vie a un sens provient de la prise de conscience, aussi vague qu'elle soit, que tout notre être est relié au cosmos, au passé, au futur et au reste de l'humanité. Un tel sens des relations universelles est probablement comparable à l'expérience religieuse[52]. » Comme vous le savez, le mot « religion »

52. René Dubos, *So Human an Animal* (Un animal si humain), New York, Charles Scribner's Sons, 1968, p. 203-204.

provient sans doute du mot latin *religio* qui signifie « se relier à ». En d'autres termes, la religion est une quête de lien entre la personne et le sacré.
Chaque religion a une cosmologie et une vision du monde dans lesquelles l'humanité a une place et un rôle assignés. Nous pouvons découvrir les réponses aux questions existentielles en reconnaissant nos liens avec l'univers et la société – et cette découverte paraît être la source de notre sentiment religieux et de notre rayonnement en tant qu'êtres humains.

UNGER. Rechercher la signification de notre existence n'est pas une démarche puérile. S'appuyer sur la religion, ce n'est pas s'accrocher à des illusions. La religion correspond à une aspiration humaine essentielle. Il s'agit de placer sa vie dans le contexte des trois grandes relations – avec la nature, entre êtres humains et avec le spirituel. Le défi qui nous attend au XXIe siècle, c'est de trouver un moyen pour que toute l'humanité coopère en vue d'une croissance et d'un développement mutuels. Notre existence ne devient stable que lorsque les trois éléments du triangle sont en harmonie. L'humanité occupe le centre de ce triangle.

IKEDA. Vos propos évoquent pour moi le principe bouddhique des trois mille mondes en un instant de vie établi par Tiantai (538-597), un érudit bouddhiste chinois, et par Nichiren. En bref, selon ce principe, l'ensemble du monde des phénomènes, ce que l'on appelle les trois mille mondes, est contenu en un instant de vie. Chaque instant contient le potentiel des dix états[53], ou dix mondes, et est donc riche en potentialités. Selon le principe de la possession mutuelle des dix états, chaque état contient en lui le potentiel des dix, ce qui fait donc cent états ou cent mondes. La vie à chaque

53. Les dix états sont (1) l'enfer, (2) l'avidité, (3) l'animalité, (4) la colère, (5) la tranquillité, (6) le bonheur temporaire, (7) l'étude, (8) l'éveil pour soi, (9) l'état de bodhisattva et (10) l'état de bouddha.

instant manifeste l'un de ces dix états. Chacun de ces états possède donc le potentiel des dix et cette inclusion mutuelle des dix états conduit à cent mondes possibles. Chacun de ces cent mondes possède les dix facteurs[54], ce qui fait au total mille facteurs ou potentialités, et ceux-ci opèrent au sein de chacun des trois domaines d'existence, ce qui fait donc trois mille mondes. Les trois éléments du triangle que vous évoquez pour définir les relations correspondent à la doctrine bouddhique des trois domaines d'existence[55].
Étant donné que la vie à chaque instant inclut la totalité du monde phénoménal (les trois mille mondes), une transformation de la pensée ou de l'esprit d'un seul être humain peut non seulement le transformer lui-même mais aussi, par ricochet, avoir un effet sur toute la société et sur l'environnement. Ce principe exprime donc une philosophie d'espoir. Chaque instant de vie contient la sagesse et la compassion universelles. L'objectif de notre mouvement, la révolution humaine, est de stimuler cette sagesse et cette compassion pour agir de façon solidaire afin de bâtir une société et un environnement calmes et paisibles.

UNGER. Je réalise là à quel point la philosophie bouddhique s'efforce de créer la paix dans l'esprit de chacun, mais aussi dans la société et au sein de l'humanité, ainsi que dans le monde naturel.

IKEDA. Au cours de notre dialogue, le Pr Toynbee a fait preuve d'une profonde compréhension envers le bouddhisme. Il était convaincu de l'importance et même de la nécessité d'une religion mondiale qui permît aux êtres humains de prendre conscience qu'ils étaient tous membres d'une même

---

54. Les dix facteurs de la vie : apparence, nature, entité, pouvoir, influence, cause interne, relation, effet latent, effet manifeste, et leur cohérence du début jusqu'à la fin.

55. Les trois domaines d'existence : le domaine des cinq agrégats, le domaine des êtres vivants et le domaine de l'environnement.

communauté mondiale et que nous faisions tous partie de la vie cosmique dans son ensemble[56]. Il fit part de son espoir que la philosophie du mahayana nous permît de surmonter avidité et égoïsme.

UNGER. Vous semblez interpréter ce que, d'un point de vue chrétien, nous appelons le Créateur du monde comme un esprit reliant toutes choses entre elles. Les chrétiens considèrent que l'amour est ce qui lie l'humanité au Créateur. C'est un point souvent mis en avant par le philosophe Gottfried Wilhelm Leibniz (1646-1716), qui a consacré toute sa vie à travailler sur la question de l'unité entre la raison divine et la raison humaine.

IKEDA. Leibniz a insisté, me semble-t-il, sur le fait qu'un seul esprit a la même valeur que le monde dans sa totalité[57]. En d'autres termes, Dieu est esprit. L'esprit des êtres humains a été créé par Dieu à son image et opère à travers la véritable nature de Dieu. Sur la base de ce lien puissant avec Dieu, Leibniz était convaincu que la valeur de l'esprit humain surpassait tout le reste.

UNGER. D'une certaine façon, vous allez encore plus loin en voyant à l'œuvre l'esprit de Dieu – ce que vous appelez l'esprit universel – non seulement dans l'esprit humain mais aussi en toutes choses. Le christianisme n'a pas doté le monde de la nature d'une si grande valeur. Du fait de l'Apocalypse, à la fin des temps, la Création elle-même devra être sauvée. C'est seulement à ce moment-là que Dieu sera en toutes choses. Il semble que vous ne croyez pas dans ce type de déification différée. J'utilise pour ma part des termes chrétiens comme « l'esprit de Dieu ». Y a-t-il quelque chose d'équivalent en bouddhisme ?

56. Traduit du japonais. Toynbee et Ikeda, *Nijuisseiki eno taiwa*, p. 241.

57. Gottfried W. Leibniz, *Discourse on Metaphysics and Other Essays* (Discours sur la métaphysique et autres essais), Indianapolis & Cambridge, Hackett Publishing Company, 1991, p. 39.

IKEDA. Le bouddhisme enseigne que l'état de bouddha, d'une noblesse suprême, est également inhérent à tous les êtres vivants et se révèle et se manifeste à tout moment et en tous lieux. Dans le monde de la nature, les êtres non sensitifs, tels que les arbres et la terre, sont eux-mêmes dotés de la nature de bouddha et sont également capables de manifester la bouddhéité.

Le bouddhisme enseigne aussi que, lorsque les êtres humains font apparaître leur état de bouddha, d'une valeur suprême, de l'intérieur d'eux-mêmes, leurs caractéristiques personnelles peuvent s'épanouir pleinement de la façon qui leur est propre de même que le cerisier, le prunier, le pêcher et l'abricotier fleurissent tous à leur manière. La signification de la vie, c'est de manifester pleinement cette valeur suprême et d'enrichir ainsi le rayonnement du soi et de l'environnement.

Selon une autre doctrine bouddhique, connue sous le nom d'unité de la vie et de son environnement, les êtres humains et leur environnement sont indivisibles et sont essentiellement un. Nos vies mêmes sont déterminantes parce qu'elles permettent jusqu'à un certain point à la société et au monde naturel de manifester leur valeur. En d'autres termes, le bouddhisme reconnaît dans les actions humaines le pouvoir et la responsabilité d'élever et d'insuffler des valeurs dans le monde entier, y compris dans le monde de la nature.

UNGER. Ce que vous dites est très enrichissant et mérite réflexion. Afin d'éviter toute incompréhension, nous devons essayer de clarifier le sens du mot « esprit » dans le bouddhisme et dans le christianisme.

IKEDA. C'est vrai. En ce qui concerne l'environnement, il importe aussi d'examiner de plus en plus attentivement comment les religions définissent la nature et le lien qu'elles établissent avec elle. En février 2005, j'ai eu un entretien avec Wangari Maathai, la première écologiste à recevoir le prix Nobel de la paix. Elle fut persécutée par le gouvernement de son pays en raison de sa position en faveur de la démocratie, mais parvint finalement à remporter une victoire éclatante avec son Mouvement de la ceinture verte, qui organisa la plantation de trente millions d'arbres sur le continent africain. Mme Maathai éprouvait une profonde sympathie pour la philosophie bouddhique, qui attache une grande importance à la vie, à la nature et à l'environnement humain.

UNGER. Je suis tenté d'établir un parallèle entre le christianisme et le bouddhisme, et pas seulement parce que ces deux religions se préoccupent sincèrement de la Terre et prônent une attitude de modération à son égard. L'une et l'autre présentent aussi une approche sans compromis visant à guérir l'humanité et à lui apporter le salut.

IKEDA. Puisque nous évoquons ici le comportement envers l'environnement partagé par le bouddhisme et le christianisme, je ne peux m'empêcher de penser à certaines grandes figures historiques.

L'une d'entre elles est saint François d'Assise (1181/2-1226) qui, comme vous le savez, ressentait de profondes affinités avec toutes les créatures qu'il appelait joyeusement ses frères et sœurs. Sa grande compassion à l'égard des créatures non humaines est illustrée par le célèbre tableau de Giotto, qui le représente prêchant à des oiseaux. Convaincu que la vie humaine et l'environnement naturel sont indivisibles, il mit en garde contre l'exploitation de la nature, qu'il considérait comme une manifestation de l'avidité. Il éprouvait une forme de vénération et de compassion pour toutes les créatures. Saint François évoque pour moi l'image du bodhisattva en bouddhisme.

UNGER. C'est une comparaison intéressante. L'expulsion de l'humanité du jardin d'Eden, décrite dans la Bible, devrait servir d'avertissement collectif pour chacun de nous ; si, obnubilés par les plaisirs éphémères, nous ne prenons pas suffisamment soin de notre planète Terre, elle deviendra inhabitable. Nous devons donc traiter la nature avec soin et un profond esprit de vénération.

IKEDA. Tout à fait. Si nous contrôlons l'avidité, éprouvons de l'amour envers l'humanité et considérons la nature avec respect, et si toute la société partage ces valeurs, nous pourrons créer une civilisation symbiotique en harmonie avec la nature et la Terre.

UNGER. Nous devons une nouvelle fois tourner les yeux vers la Création de Dieu, en apprécier toute la valeur, et garder à l'esprit que la science a comme devoir de garantir une base de vie acceptable pour tous les êtres humains.

IKEDA. Le bouddhisme enseigne à vivre en harmonie avec la nature et à la respecter. Ce mode de vie s'accorde avec la philosophie de la Voie du milieu, qui consiste à éviter les extrêmes représentés par l'ascétisme et l'hédonisme. En d'autres termes, tout en contrôlant l'iniquité et les basses impulsions inhérentes à la vie, la conception bouddhique de la nature et de la vie prône l'établissement d'un socle éthique afin de créer une relation symbiotique harmonieuse entre les êtres humains et la nature.

UNGER. Je suis entièrement d'accord avec cette philosophie. Actuellement, 20 % de la population de la planète bénéficient d'une prospérité excessive et consomment 80 % des ressources naturelles. Les 80 % restants souffrent de privations. Comme le prônent les enseignements bouddhiques, nous devons chercher une voie pour contrôler notre avidité et partager notre prospérité avec les peuples des pays en développement et avec l'environnement naturel. Les chrétiens clament que leur mission est d'aller dans le monde pour apprendre tout en stimulant leurs propres motivations. Cela me semble s'approcher de l'éthique bouddhique qui privilégie le salut des autres êtres humains par rapport à l'illumination personnelle.

IKEDA. Le bouddhisme conçoit les bodhisattvas comme des personnes actives qui se consacrent au salut des autres. Les bodhisattvas du mahayana adoptent ce que l'on appelle les quatre vœux universels. Premièrement, ils font le vœu de sauver tous les êtres vivants ; c'est-à-dire d'éprouver de l'empathie à l'égard de toutes les souffrances. Deuxièmement, ils font le vœu de renoncer à toutes leurs passions mondaines. Cela signifie contrôler tous les désirs terrestres et les réformer afin d'adopter un bon comportement, caractérisé notamment par la non-violence, la compassion et l'espoir. Troisièmement, ils font le vœu d'apprendre tous les enseignements bouddhiques. En termes modernes, cela signifie apprendre à connaître le bouddhisme, mais aussi l'ensemble de l'héritage spirituel de l'humanité, notamment tous les domaines de connaissance, la philosophie et la religion. Et pour finir, quatrièmement, ils font le vœu d'atteindre l'illumination grâce à la pratique bouddhique. En d'autres termes, cela signifie développer leur propre bonheur tout en œuvrant à celui des autres.

Les quatre vœux universels jaillissent de l'intérieur même de la vie des bodhisattvas. Cette éthique est un serment, émis spontanément, de façon autonome, et non imposé de l'extérieur. En émettant ces vœux, ces bodhisattvas manifestent leur bonté, qui leur permet alors de se diriger vers leur bonheur et leur salut et d'aider les autres à faire de même. La bonté génère sans aucun doute en soi une éthique rendant possible la symbiose avec la nature.

UNGER. Il serait absurde de vouloir développer une éthique mondiale ou environnementale qui ne provienne pas du cœur humain. Le désir de contribuer à l'humanité et à la société n'a d'influence et de valeur éducative que s'il jaillit de nous.

IKEDA. Vous soulignez là un point d'une grande importance. La force qui provient de l'intérieur même de l'humanité est indispensable pour orienter nos valeurs afin que la science, l'économie, la politique et tous les domaines d'activités humaines œuvrent véritablement au bien de l'humanité. Fondamentalement, l'éducation, la religion et la philosophie devraient favoriser une spiritualité humaine générée de l'intérieur. J'ai évoqué cela dans un discours intitulé *L'ère du pouvoir soft*, prononcé à l'université de Harvard en septembre 1991.

UNGER. Nous devons toujours avoir une approche volontariste de l'éducation, car elle a le pouvoir de faire évoluer la société. Nous découvrons la valeur du dialogue et de l'éducation quand nous abordons des questions matérielles liées à la science et à l'économie en partant des êtres humains et de leur mode de vie.
Une personne isolée est limitée sur le plan matériel et peut difficilement exercer une influence cruciale sur la vie des autres. Mais l'humanité dans son ensemble continue de vivre indéfiniment à travers ses descendants. Il est donc important de globaliser la valeur du service rendu par chacun à la vie de toute l'humanité, qui se perpétue éternellement.

IKEDA. Je suis entièrement d'accord avec vous. Shakyamuni a déclaré : « Qu'elles soient visibles ou invisibles, qu'elles vivent au loin ou près de nous, qu'elles existent déjà ou soient amenées à exister, faisons en sorte que toutes les créatures connaissent le bonheur[58]. »
Cette citation présente clairement un point de vue éthique concernant tous les êtres vivants, ainsi qu'une éthique intergénérationnelle. Il est nécessaire que les êtres humains vivent en symbiose avec toutes les créatures de la planète ; en d'autres termes, en symbiose avec « le visible ou l'invisible », et « le lointain ou le proche ». C'est en même temps une attitude de responsabilité à l'égard de l'environnement social et naturel dont nous avons hérité à la naissance de ceux qui ont vécu avant nous et, plus encore, c'est un appel

58. *Le Sutta-Nipata*, Oxford, The Pali Text Society, 1995, vol. II, p. 17.

à adopter un comportement responsable pour améliorer encore cet environnement et le léguer à ceux qui ne sont pas encore nés.
Nous ne devons pas compromettre ou épuiser le flot riche et atemporel de l'humanité. Je crois aussi que la clé pour relever les défis liés à l'environnement de la planète consiste, comme vous l'avez fort bien dit, à entreprendre de « globaliser la valeur du service rendu par chacun à la vie de toute l'humanité, qui se perpétue éternellement ».

La première étape dans l'éducation à l'environnement : avoir une vision juste de la situation actuelle

IKEDA. Vous dites que l'éducation a le pouvoir de faire évoluer la société. Le point de départ et la force motrice d'une éthique de l'environnement mondiale sont l'éducation à l'environnement. Quelle forme doit-elle prendre selon vous ?

UNGER. Il me semble qu'il est impossible de séparer cette matière des autres disciplines académiques et de se concentrer seulement sur la diffusion du savoir. Ce que nous pouvons faire, c'est développer la conscience de l'environnement et nous entraîner à prendre en compte l'environnement dans tout ce que nous faisons. Nous devons par exemple nous rappeler sans cesse à quel point nos actions et notre consommation de ressources non renouvelables génèrent de la pollution atmosphérique.

IKEDA. La première étape dans l'éducation à l'environnement consiste à prendre clairement conscience des conditions actuelles : la superficie de forêts déjà perdue sur la planète ; le niveau élevé atteint par la pollution de l'atmosphère, de l'eau et des sols ; leurs effets écologiques sur notre planète, etc. Dans la proposition que j'ai adressée au Sommet de la Terre en 2002, j'ai souligné à ce sujet l'importance d'adhérer pleinement à la Décennie des Nations unies pour l'éducation au service du développement durable. Dans ce cadre, en coopération avec la Commission pour une Charte de la Terre, la SGI organise une exposition intitulée *Les graines du changement : la Charte de la Terre et le potentiel de l'humanité.* Elle a déjà été présentée dans plus de dix pays. Par ailleurs, depuis 2006, a été lancée une nouvelle exposition sur le XXIe siècle et l'environnement, qui commence à circuler dans tout le Japon.

UNGER. Je suis sûr que les efforts intenses accomplis par les membres de la SGI en faveur de l'éducation à l'environnement produiront de grands effets. Alors que nous sommes au seuil d'un nouveau millénaire, nous devons avoir recours à l'éducation à l'environnement pour promouvoir la symbiose en tant que modèle planétaire. Un des objectifs de l'éducation graduelle est de former des personnes qui veulent rendre l'endroit où elles vivent agréable et sûr pour leurs voisins et pour elles-mêmes.

Une nouvelle éthique pour contrôler les techniques et les sciences

UNGER. Le problème majeur en Europe, c'est notre mode de vie hautement sécularisé qui génère un matérialisme démesuré permettant, comme l'a dit Nietzsche, à chaque personne d'être son propre Dieu. En d'autres termes, les avancées considérables accomplies dans les sciences naturelles nous ont permis d'augmenter nos capacités de contrôler la nature jusqu'à un point qui aurait paru autrefois inconcevable.
Notre situation actuelle peut être comparée à celle de l'apprenti sorcier de Goethe qui jette un sort à un balai pour qu'il aille puiser de l'eau à sa place ; mais, ne connaissant pas les mots magiques pour l'arrêter, l'apprenti sorcier est emporté par les flots. La nouvelle ère dans laquelle nous entrons nous incite à faire appel à des considérations éthiques totalement nouvelles pour contrôler la science. Nous devons apprendre à utiliser les nouveaux instruments que la science a mis à notre disposition mieux que nous ne

l'avons fait par le passé, tout en faisant avancer rigoureusement la recherche scientifique.

IKEDA. Une insatiable curiosité intellectuelle et l'esprit d'étude ont inspiré la recherche et l'innovation technologique dans de nombreux domaines scientifiques. Ces changements vont probablement encore s'accélérer dans les années à venir. La science et les thérapies médicales ont déjà pénétré dans des domaines autrefois réservés à Dieu, à travers, par exemple, les techniques de clonage et les techniques de génie génétique avancées. Nous sommes aujourd'hui contraints de tracer une ligne entre ce qui est techniquement réalisable et ce que l'on peut autoriser d'un point de vue éthique. Jusqu'à quel point pouvons-nous nous permettre d'interférer dans la manipulation de la vie humaine et de la nature ? Où faut-il mettre des freins d'un point de vue éthique ? Ce sont là quelques-unes des questions les plus urgentes auxquelles nous sommes aujourd'hui confrontés. Nous ne pourrons pas mettre à profit les nouveaux outils scientifiques pour le bien de l'humanité si nous n'établissons pas des modèles éthiques fondés sur la philosophie du respect de la dignité de la vie.

UNGER. Culture et science ne peuvent survivre que si elles respectent la vie et l'environnement. Comme le démontrent à l'évidence de nombreuses maladies psychologiques, exploiter la nature signifie aussi s'exploiter soi-même, ce qui génère des maladies psychosomatiques.

IKEDA. J'ai discuté de la non-violence envers l'environnement avec un agronome indien, le Pr M.S. Swaminathan, qui, citant Gandhi, a dit que les êtres humains feraient preuve de violence envers la nature tant qu'ils utiliseraient la violence entre eux. Enseigner la non-violence est l'aspect le plus important de l'éducation à l'environnement, qui doit elle-même se fonder sur le respect de la dignité de la vie. L'éducation doit toujours mettre en avant le potentiel et le caractère irremplaçable de toute vie, en reconnaître la dignité fondamentale.

UNGER. Je partage votre point de vue. La culture naît, non de l'exploitation, mais du respect. Enseigner le respect de l'environnement nécessite d'enseigner aussi le respect de la vie. Quand nous nous concentrons seulement sur l'environnement, nous perdons de vue toute notion de transcendance. Et nous ne pouvons pas alors mener une éducation à l'environnement au sens plein du terme.

IKEDA. Dans le cadre de l'éducation à l'environnement, il faudra enseigner aux enfants, qui porteront la responsabilité de l'avenir, le respect de la dignité de la vie et une forme de vénération envers ce qui est transcendant. Dans son livre *La Géographie de la vie humaine*, M. Makiguchi a déclaré qu'il y avait deux éléments à garder à l'esprit par rapport à l'environnement. D'abord, nous pouvons identifier, grâce à notre intellect, ce que sont les lois et l'ordre de la nature, mais nous ne devons pas oublier que les lois et l'ordre de la nature ne sont pas les produits de l'intelligence humaine. Deuxièmement, sur le plan émotionnel, nous devons être conscients de la nécessité d'une certaine dévotion et vénération dans la sphère religieuse, sur lesquelles se fondent ces lois naturelles.
Une approche strictement intellectuelle peut conduire à l'idée arrogante que la science est omnisciente. Une approche uniquement émotionnelle peut amener à se dissocier des réalités de la vie. Makiguchi considérait que l'attitude correcte envers la nature consistait à combiner les éléments intellectuels que sont les lois et l'ordre avec la dimension émotionnelle représentée par la vénération envers le religieux ou ce qui est transcendant.

UNGER. Une telle attitude envers l'environnement naturel est importante pour permettre aux enfants de grandir avec un cœur, un corps et un esprit équilibrés.

IKEDA. Quand vous êtes venu au collège et au lycée Soka, en juillet 1997, vous avez dit que l'on travaillait avec la tête, le cœur et les mains. Vous avez précisé que ce qui est accompli

à partir du seul intellect (la tête) peut être froid. En nous fondant uniquement sur l'émotion, nous pouvons perdre contact avec la réalité. Mais, si nous laissons de côté l'intellect et les émotions pour ne mettre en avant que les mains, cela peut conduire à la destruction de la planète. Voilà pourquoi nous devons vivre de façon à ce qu'il y ait un équilibre entre ces trois éléments.
Ainsi, vous avez clairement mis le doigt sur l'origine de la crise actuelle sur notre planète et de la perte d'harmonie au sein de l'humanité. Je vous suis reconnaissant d'avoir enseigné aux jeunes gens de nos écoles Soka l'importance de devenir des êtres humains complets en qui s'harmonisent la douceur de l'esprit, la chaleur du cœur et la vitesse d'action.

UNGER. Les divers modes de pensée ou philosophies n'ont aucun sens si on ne les transmet pas aux autres. Je voulais expliquer ma vision des choses aux futurs jeunes responsables du nouveau siècle, et c'est pourquoi je me suis adressé à eux en termes simples. J'ai été fortement impressionné par l'enthousiasme des élèves et étudiants que j'ai rencontrés lors de mes visites aux écoles Soka du Kansai et à l'université Soka de Tokyo. Je voulais les aider à devenir – pour emprunter vos termes – des êtres humains complets et équilibrés.

IKEDA. M. Makiguchi pensait que l'objectif de l'éducation n'était pas de bourrer la tête des élèves d'informations fragmentaires, mais de les éduquer pour en faire des êtres complets afin qu'ils puissent utiliser le savoir absorbé pour le bien de l'humanité. Il proposa l'instauration d'un système scolaire à mi-temps afin de former des personnalités bien équilibrées, capables de combiner la tête, le cœur et l'action. Dans le système qu'il avait conçu, les élèves travaillaient en classe pendant la moitié de la journée et faisaient des travaux pratiques pendant l'autre moitié. Former des personnalités pleinement équilibrées est l'une des raisons d'être de l'université Soka d'Amérique, qui se définit comme une université d'arts libéraux.

UNGER. Nous attendons des écoles et de l'université Soka qu'elles forment un grand nombre d'êtres humains bien équilibrés capables d'améliorer l'environnement et de créer un avenir plus brillant.

Les armes nucléaires incarnent l'aspect démoniaque de la vie

IKEDA. Il est impératif de développer la sagesse, qui nous permet de comprendre comment utiliser le savoir – et la question de l'environnement et des armes nucléaires est ici très significative. Les armes nucléaires sont le produit de la connaissance scientifique. Le savoir et la sagesse sont essentiels lorsque l'on s'interroge sur le comportement que devraient adopter les êtres humains dans ce domaine. La fin de la guerre froide a créé une excellente occasion de se débarrasser totalement des armes nucléaires ; et en fait, durant la dernière décennie du XXe siècle, le mouvement visant à les abolir a réalisé une percée au point que, au-delà de leur simple diminution, on a même pu envisager la création d'un ordre international où leur usage serait banni.

Ainsi la Cour internationale de justice a émis un avis selon lequel l'usage des armes nucléaires violerait le droit international.

En 2000, dans son document final, une conférence de révision du Traité de non-prolifération des armes nucléaires a lancé un appel pour que soit pris clairement l'engagement d'éliminer totalement les armes nucléaires. Mais le concept de défense antimissiles prôné par les États-Unis mena alors à un bouleversement de l'équilibre nucléaire et au début de l'expansion du nucléaire dans l'espace. Par ailleurs, les États-Unis et la Russie ont l'un et l'autre conduit des expériences nucléaires particulièrement périlleuses, bien qu'elles n'aient pas été spécifiquement mentionnées par le Traité d'interdiction complète des essais nucléaires. Comment, selon vous, l'humanité devrait-elle se comporter devant la menace toujours persistante des armes nucléaires ?

UNGER. Je n'ai vraiment aucune sympathie pour les armes. Elles m'effrayent. Aujourd'hui, l'humanité a déjà suffisamment d'armes pour anéantir toute la planète. À mesure qu'elle se développe à l'échelle de la planète, bien qu'on la décrive hypocritement comme tournée vers la paix, l'industrie de l'armement devient en fait de plus en plus impliquée dans la guerre. J'ai certes appris que les nations ont besoin d'armes pour se défendre. Je suis cependant très troublé par l'existence des armes nucléaires, biologiques et chimiques. Utiliser de telles armes est l'action la plus lâche que des êtres humains aient jamais entreprise. Il me semble que Hiroshima et Nagasaki auraient dû nous enseigner combien cet usage des armes nucléaires était nocif.

IKEDA. Étant donné que les armes nucléaires sont capables d'annihiler toute l'humanité et de détruire le système écologique, la question, notamment en matière d'environnement, se réduit à savoir si nous plaçons les intérêts des nations au-dessus des intérêts de toute l'humanité et de toute la planète. Il n'y a pas d'erreur possible : l'issue se joue entre l'humanité et les armes nucléaires.

J'aimerais ici me référer une nouvelle fois à la Déclaration de Josei Toda contre les armes nucléaires, dans laquelle il disait : « Même si un pays devait conquérir le monde en ayant recours aux armes nucléaires, les conquérants devraient être considérés comme des démons, comme l'incarnation même du mal. » Cette déclaration brise les frontières politiques et militaires pour atteindre la dimension fondamentale de la dignité de la vie.

Le bouddhisme enseigne qu'il y a une pulsion mauvaise, inhérente à la vie, qui pousse à exaucer les désirs égoïstes en détruisant la vie des autres et même l'environnement naturel. Se trouver sous l'emprise du mal, c'est être dans ce que l'on appelle en bouddhisme le domaine-où-l'on-jouit-librement-des-choses-conjurées-par-les-autres.

Pour les pays, les groupes ethniques, ou les personnes au pouvoir, tenter de dominer les autres grâce aux armes nucléaires représente ce type de mal sous sa forme la plus radicale. C'est ce mal-là que M. Toda nous appelait à détruire entièrement.

UNGER. Je partage ce point de vue. Sur la question du nucléaire, ma réponse est très simple : les armes nucléaires doivent être éliminées.

IKEDA. Nous devons apprendre à privilégier dans nos actions l'humanité et la planète. Le célèbre astronaute russe Alexandr Serebrov, avec qui j'ai publié un dialogue intitulé *The Cosmos, the Earth and Humanity* (Le cosmos, la Terre et l'Humanité), m'a dit que voir la Terre depuis l'espace n'apportait pas seulement une précieuse expérience religieuse et philosophique, mais stimulait aussi un sens de la mission qui nous amenait à faire quelque chose pour notre si précieuse planète. L'astronaute américain Donald K. Slayton (1924-1993), qui fit une expérience similaire, m'apprit que le cosmos était le siège de l'unité humaine parce que l'on pouvait y ressentir l'unité de la Terre. Aujourd'hui, nous devons placer en premier les intérêts de l'humanité et de la Terre. Pour cela, il nous faut adopter le point de vue de ces hommes qui ont observé notre planète depuis l'espace. Quel espoir placez-vous dans l'ère spatiale au XXIe siècle ?

UNGER. Nous devrions établir des règles dans ce domaine, en considérant que l'espace appartient à tous et qu'il est le fondement même de notre existence. Puisqu'il est notre seul habitat possible, il requiert de nous une coopération éternelle. En fait, c'est le point de départ de la coopération humaine. Par conséquent, en ce début de nouvelle ère, nous ne devons pas faire un mauvais usage du développement spatial.

IKEDA. Il ne faut pas laisser des pays particuliers monopoliser le développement de l'espace dans leur propre intérêt. La course aux armements doit être strictement interdite. Dans toutes les religions majeures, la prière correspond à un dialogue qui entre en résonance avec l'univers éternel, d'où sont issues toutes les vies humaines et non humaines. En ce sens, comme vous le dites, le cosmos est le fondement même de notre existence. Les cœurs et les esprits s'universalisent-ils avec la mondialisation ? Aujourd'hui, la puissante influence des nationalismes étroits et des egos nationaux confère une importance majeure aux échanges spirituels avec le cosmos.

UNGER. En effet. Il est tout particulièrement crucial pour les jeunes, qui auront la responsabilité de l'avenir, d'avoir des occasions d'échanges spirituels avec le cosmos et de développer un point de vue universel. Je crois que les écoles Soka du Kansai participent à un programme éducatif conduisant à créer une certaine familiarité avec le cosmos.

IKEDA. Oui, ils participent au programme EarthKam[59]. Ce programme, sponsorisé par la NASA, permet de prendre des photographies de n'importe quelle partie de la Terre en utilisant des caméras digitales contrôlables à distance installées sur la station spatiale internationale. Les élèves déterminent l'orbite de la station spatiale et le lieu et le moment où ils souhaitent que la photographie soit prise, puis ils envoient leurs instructions en anglais. Ces instructions sont transmises à la station spatiale par le biais d'une organisation comme la NASA, et la photographie est prise. Ce système permet aux élèves de percevoir des aspects visuels de la surface de la Terre, ce qui est difficilement réalisable dans le cadre d'un travail scolaire ordinaire. Les collège et lycée Soka du Kansai détiennent le record du monde quant au nombre de participations à ce programme EarthKam. On y organise aussi une éducation à l'espace en coopération avec un observatoire de réputation mondiale. Cela donne aux élèves des occasions de voir le monde comme une petite

---

59. EarthKam: *Earth Knowledge Acquired by Middle Students* (Connaissance de la Terre acquise par les collégiens).

planète dans l'espace, totalement dépourvue de frontières nationales et nécessitant beaucoup de soins.

UNGER. Grâce à ces magnifiques opportunités permettant de voir la Terre depuis l'espace, vous pouvez étendre votre éducation à l'environnement à tout le cosmos.

IKEDA. Pour l'ère à venir, nous devons reformuler le célèbre adage « penser globalement, agir localement » en « penser à l'échelle du cosmos, agir globalement ». L'humanité doit prendre conscience que nous, enfants de la Terre, sommes tous destinés à vivre ensemble sur notre planète. Notre époque a besoin d'une éducation humaniste qui nous enseigne à adopter une approche universelle et à agir en tant que citoyens du cosmos pour affronter les problèmes planétaires auxquels nous sommes confrontés.

CHAPITRE V

Santé, médecine et bioéthique

IKEDA. Nous nous sommes depuis toujours engagés à faire du siècle actuel un siècle de la vie. Nous espérons tous que le XXIe siècle sera un siècle où santé, maladie, mortalité et respect de la vie feront l'objet d'une attention croissante. C'est pourquoi j'aimerais que, dans cet ultime chapitre de notre discussion, nous parlions de vie et de bioéthique.

UNGER. Au regard du développement rapide des sciences biologiques, je maintiens qu'il est vital que nous plongions plus profondément dans la vie elle-même. Je suis ravi d'avoir l'occasion d'explorer une philosophie de vie grâce à notre dialogue.

IKEDA. Je ressens la même chose. Vous faites maintenant autorité dans le monde en tant que spécialiste de la chirurgie cardiaque. Pourquoi avez-vous choisi cette spécialité ?

UNGER. J'ai toujours voulu être médecin. Quand je faisais mes études de médecine, la chirurgie cardiaque était encore difficile et dangereuse, et j'ai décidé de m'engager dans cette voie pour tenter d'améliorer la situation.

IKEDA. En choisissant cette voie difficile, vous avez sauvé beaucoup de vies précieuses. Je sais que vous avez procédé à des opérations chirurgicales sur plus de 7000 patients.

UNGER. Oui, c'est à peu près cela.

IKEDA. Comment faire, selon vous, pour rester en bonne santé ?

UNGER. Deux conditions sont nécessaires pour garantir une bonne santé. La première consiste à s'affranchir de la présence possible d'anomalies génétiques. La seconde, c'est l'effort accompli par chacun pour demeurer bien portant. Cela signifie prendre conscience de ce qui est dangereux pour la santé et en tenir compte. Celui qui ne fait pas cela court le risque de tomber malade. Au-delà de quarante ans, chaque personne doit être son propre médecin.

IKEDA. Voilà un conseil très utile et précieux. En d'autres termes, nous devons avoir recours à notre sagesse et à notre ingéniosité et protéger notre santé en étant à la fois pour nous-mêmes un médecin et une infirmière. Que pensez-vous de l'idée couramment admise selon laquelle une société dominée par le stress favorise l'apparition de maladies ?

UNGER. Le stress a deux aspects : un positif et un négatif. Les défis stimulent le stress positif. En surmontant un défi, les êtres humains se développent sur le plan à la fois psychologique et physique. Sans cela, nous deviendrions de plus en plus paresseux. En revanche, le stress négatif est dangereux. Quand il est dominant, les êtres humains se démoralisent et deviennent pessimistes. Ils perdent même la volonté d'accepter les défis et finissent par tomber malades.

IKEDA. Je vois. Que le stress soit positif ou négatif dépend de la manière dont nous l'affrontons. C'est pour cela qu'il est important de se lancer courageusement des défis en ayant un objectif dans la vie. Nous devons trouver le moyen de faire jaillir la force vitale inhérente à notre existence. Je crois qu'il est important de s'associer avec des personnes d'une grande vitalité et d'évoluer dans un environnement riche en énergie vitale.

La durée de vie maximale

IKEDA. Quelles sont les personnes qui, selon vous, peuvent bénéficier d'une grande longévité ?

UNGER. Bien sûr, aucun d'entre nous ne peut vivre éternellement. Mais les personnes ayant déjà dépassé l'âge de soixante ans ont des chances de bénéficier d'une plus grande longévité.

IKEDA. En Orient, on accorde depuis longtemps une signification bien particulière à l'âge de soixante ans. On considère que c'est une étape majeure dans le cycle de la vie humaine. J'ai eu l'occasion d'observer beaucoup de personnes différentes, et il m'est apparu que l'âge de soixante ans est bien en effet une étape primordiale.

UNGER. Certaines personnes sont génétiquement conditionnées pour vivre longtemps.
Cependant, au-delà de la génétique, l'entraînement physique et spirituel est nécessaire à la longévité. En fait, le second constitue même la clé.

IKEDA. Je présume que vous voulez dire que l'activité mentale, telle qu'elle s'exprime à travers la foi et la conviction, a une influence sur la longévité.

UNGER. Tout à fait. Foi et conviction sont à l'opposé de la crainte. S'appuyer sur une croyance signifie ne pas connaître la peur. Et c'est essentiel en matière de résistance. La foi permet aux personnes d'émettre des jugements corrects et leur confère une stabilité.

IKEDA. Une foi et une conviction fermes nous mettent sur la voie de la santé et de la longévité. D'un point de vue médical, combien de temps peut-on vivre ?

UNGER. S'il n'y a pas d'obstacles, je pense qu'une personne peut vivre jusqu'à un maximum de cent vingt ans. La fin de la vie est déterminée par nos gènes.

IKEDA. Vraiment ! Quelle merveilleuse coïncidence ! C'est également cet âge de cent vingt ans qui est indiqué dans un écrit bouddhique de Tiantai intitulé *Mots et phrases du Sûtra de la Lumière dorée.*

UNGER. On dit que les cellules humaines se renouvellent sous une forme ou sous une autre jusqu'à l'âge de cent vingt ans ; ensuite, elles perdent cette faculté.

IKEDA. Les écrits bouddhiques et les sciences médicales modernes s'accordent de façon remarquable sur la question de la longévité humaine. Même si les êtres humains s'intéressent beaucoup à la question de la longévité, la qualité de la vie est cependant bien plus importante encore que sa longueur. Dans le *Dhammapada,* nous trouvons ce passage : « Mieux vaut vivre une journée avec force et sagesse que de mener une vie faible et oisive pendant cent ans[60]. » Dans l'un de ses écrits, intitulé *Les trois sortes de trésors,* Nichiren déclare : « Il vaut mieux vivre un seul jour avec honneur que de vivre jusqu'à cent vingt ans et de mourir dans la disgrâce[61]. » Avec votre grande expérience de la chirurgie cardiaque, pouvez-vous identifier les cœurs qui sont promis à la longévité ?

UNGER. Chaque cœur humain est différent. Durant l'opération, l'examen de la contraction et de la couleur peut nous amener à supposer que, si l'intervention chirurgicale est réussie, le cœur opéré pourra vivre au moins vingt ans de plus.

---

60. *Le Dhammapada,* p. 136.

61. *Les Écrits de Nichiren,* « Les trois sortes de trésors », Soka Gakkai, p. 858.

IKEDA. Au Japon, où l'espérance de vie moyenne est plus longue que n'importe où ailleurs dans le monde, les maladies cardiaques sont la deuxième cause de mortalité après le cancer. Que pouvons-nous faire dans notre vie quotidienne pour diminuer le risque de maladie cardiaque ?

UNGER. L'alimentation est un élément majeur. Dans les villages japonais, le cancer – en particulier celui de l'œsophage – cause de nombreux décès, alors que les cas de maladies cardiaques sont par comparaison peu nombreux. En revanche, à Tokyo – comme dans d'autres grandes villes du monde telles que Los Angeles et San Francisco où l'alimentation est riche, notamment en viandes –, les décès liés à des maladies cardiaques sont nombreux.

IKEDA. Jusque dans les années 1970, la cause de décès principale dans le Japon rural était les maladies cérébro-vasculaires, suivies par le cancer, et les cas de maladies cardiaques étaient relativement rares. Mais aujourd'hui, même dans les campagnes, les gens mangent davantage de viande, et les maladies cardiaques sont en augmentation. Dans *La Grande Concentration et Pénétration,* Tiantai cita les mauvaises habitudes alimentaires comme une cause de maladie. Un autre écrit bouddhique, le *Sûtra Gocaropaya,* prête les effets suivants à un excès de nourriture :

1. La paresse
2. L'excès de sommeil qui cause des troubles
3. Des perturbations dans l'état physique ainsi que la maladie

UNGER. En termes simples, on peut dire que la prévention des maladies cardiaques passe par le respect de ces trois règles :

1. Ne pas fumer,
2. Réduire la consommation de nourriture riche en cholestérol et,
3. Pour les diabétiques, surveiller scrupuleusement le taux de sucre dans le sang.

IKEDA. Voilà qui est très clair ! J'ai entendu dire qu'un verre d'eau avant de dormir empêche la déshydratation, favorise une bonne circulation du sang et contribue à la santé. Est-ce exact ?

UNGER. Améliorer la circulation sanguine protège le cerveau. Il est important de boire beaucoup d'eau. On dit que les personnes qui n'ont pas de problèmes cardiaques ou rénaux doivent boire environ deux litres par jour. Nous devons cependant veiller à ne pas consommer trop d'eau minérale car cette dernière a un taux de sodium élevé, ce qui favorise l'hypertension.

IKEDA. Quels sont les aliments que vous recommandez pour avoir un cœur sain ?

UNGER. Le mieux est de manger de tout, mais de façon réduite. Limitez votre consommation de viande à seulement un repas par semaine. Mais mangez du poisson, des fruits, des graines et des légumes. Un verre de bon vin est aussi une bonne chose. Tout est affaire d'équilibre. L'excès de nourriture ou de boisson conduit inévitablement à la maladie.

IKEDA. Faire preuve de modération dans son alimentation est la clé. *Le Trésor de l'analyse du* Dharma énumère quatre catégories d'aliments :

1. Les aliments que l'on met dans sa bouche comme la viande, le poisson et les légumes,
2. Ceux qui procurent de la joie et du plaisir comme la bonne musique et le grand art,
3. Ceux qui revigorent en suscitant la réflexion et en donnant de l'espoir, et
4. La force mentale qui inspire le désir de vivre.

Tout ce qui apporte de l'énergie pour vivre, et pas seulement les aliments, est assimilé ici à de la nourriture. L'interrelation mutuelle entre ces quatre sources d'énergie permet de conserver une bonne santé. Quel type d'exercices physiques est le plus approprié pour le cœur ?

UNGER. Marcher tous les jours. Grimper les escaliers est aussi recommandé. En général, je ne prends pas l'ascenseur. Je suis convaincu que monter trois étages est meilleur qu'une heure de jogging ou que faire de l'exercice dans un gymnase.

IKEDA. Il est certainement sage de conserver une bonne santé. Un exercice de marche, répandu en bouddhisme, consiste à aller et venir dans un espace limité, ce qui permet de réguler notre condition physique. Dans *Les quatre règles de discipline,* on lui attribue cinq effets :

1. Augmenter la capacité à parcourir une longue distance
2. Stimuler la réflexion
3. Réduire le risque de maladie
4. Stimuler la digestion et
5. Prolonger la quiétude de l'esprit.

Gandhi a écrit que « quelle que soit la quantité de travail que l'on doit accomplir, on devrait toujours trouver du temps pour faire de l'exercice comme on en trouve pour prendre nos repas. Je crois humblement que, loin de réduire notre capacité de travail, on l'augmente au contraire de cette façon[62] ». Quel est le meilleur moment de la journée pour faire de l'exercice ?

UNGER. Le matin parce que ça stimule la circulation sanguine. Un peu d'exercice le matin élève aussi le rythme cardiaque. On peut ensuite affronter plus facilement les divers stress rencontrés au cours de la journée.

IKEDA. Quelles sont les façons de combattre le stress qui sont bonnes pour le cœur ?

---

62. Mahatma Gandhi, *The Guide for Health* (Conseils pour rester en bonne santé), New York, The Crossing Press, 1978, p. 179.

UNGER. Là encore, il est bon de faire un peu de marche. Dormir suffisamment est également important et aussi aimer les autres et être aimé d'eux.

IKEDA. Voilà en effet quelques vérités essentielles. Chaque personne est différente, mais pouvez-vous dire de quel temps de sommeil nous avons besoin chaque jour ?

UNGER. Cela varie selon l'âge et les besoins physiques. Les personnes âgées ont besoin de moins de sommeil. Il en faut plus au contraire pour les personnes actives qui sont à la fleur de l'âge. Par ailleurs, les jeunes peuvent se passer de sommeil pendant plus de temps. Une courte pause après le déjeuner est efficace. C'est pour cela que les peuples méditerranéens font généralement une sieste. Il est aussi souhaitable d'adapter nos activités de la journée. Par exemple, par temps chaud, il est préférable de travailler durant les heures fraîches de la matinée et de prendre du repos quand la chaleur est au plus haut. Quand il est impossible de réguler la température, nous devons adapter notre emploi du temps. Il convient de ne pas procéder par à-coups mais de travailler aussi régulièrement que possible.

IKEDA. Vos propos sur la santé reflètent une profonde sagesse.

Nouveaux éclairages sur les origines de la vie et sur l'évolution

IKEDA. Toutes les formes de vie terrestres sont composées de protéines génétiquement déterminées par l'ADN. Elles proviennent toutes du premier ADN sur Terre qui, pendant une période de plus de quatre milliards d'années, s'est divisé en une multitude de formes, dont certaines ont aujourd'hui disparu. Telle est la façon dont la science médicale moderne et la biologie moléculaire expliquent les origines de la vie et le mécanisme de l'évolution. Quelle est votre opinion à ce sujet ?

UNGER. Au cours de son développement, l'humanité a pris en compte de nombreux modèles d'évolution biologique. Au XXe siècle, la biologie moléculaire nous a enseigné que l'information génétique est inscrite dans l'ADN. La découverte de l'ADN nous a permis d'expliquer l'évolution biologique à partir de la mutation génétique. Nous savons que toutes les formes de vie sur Terre descendent de l'ADN originel et, sur le plan moléculaire, sont composées de la même façon. Les développements actuels du génie génétique fournissent une base qui permet d'expliquer l'évolution biologique d'un point de vue génétique. La biologie traditionnelle ne pouvait pas expliquer l'origine et l'évolution de la vie. Le génie génétique nous procure de nouvelles connaissances pour y parvenir. Il ne fait aucun doute que ses futurs développements aboutiront à une clarification encore plus précise. La technologie génétique nous conduira vers une dimension totalement différente et exercera une influence considérable sur notre vie. Je crois qu'elle nous aidera à mieux comprendre la création de Dieu.

IKEDA. Symbole des résultats du génie génétique, le décodage du génome humain accompli en 2003 a montré que les êtres humains possèdent quelque 30 000 gènes.

UNGER. En effet. Il ne fait aucun doute que la progression, mois après mois, du génie génétique aura un impact croissant sur la biologie. Dans l'avenir, le décodage du génome nous permettra d'en savoir encore plus sur les gènes, ce qui facilitera les diagnostics et le choix des thérapies pour les maladies d'origine génétique. Nous pourrons prévenir ou arrêter certaines maladies. Le génie génétique sera indispensable pour développer de nombreux produits de l'industrie pharmaceutique, notamment l'insuline nécessaire aux diabétiques.

IKEDA. Il est indéniable que l'humanité peut en attendre de nombreux avantages. Diagnostics génétiques et thérapies géniques se répandront à coup sûr de plus en plus.

UNGER. Oui, on verra se développer de nouveaux types de diagnostics et de thérapies.

IKEDA. Mais certains considèrent que les progrès rapides accomplis dans ce domaine constituent une dangereuse manipulation de la vie elle-même. En raison de sa portée considérable sur l'existence humaine, nous devons faire preuve d'une grande prudence et nous pencher sur les aspects négatifs de la recherche génétique. Comme certains l'ont souligné, la découverte d'un gène prédisposant une personne à une maladie particulière pourrait entraver ses chances d'obtenir un emploi ou de bénéficier d'un contrat d'assurance.

UNGER. L'information génétique n'a pas été décodée dans sa totalité. Comme vous l'indiquez fort bien, le décodage de l'information génétique peut devenir, non pas une amélioration, mais une menace. Ainsi, on peut concevoir qu'une personne dotée d'un gène rendant probable l'apparition d'un cancer vers l'âge de soixante ans pourrait se voir refuser une assurance ou ne pas être embauché par un employeur potentiel. À partir de nos connaissances actuelles, un tel diagnostic ne pourrait être que prématuré et erroné.

IKEDA. Je partage votre avis. On ne peut pas utiliser l'information génétique dans la sphère de la vie privée pour refuser à quelqu'un une assurance, un emploi, ou l'accès au mariage. Ce serait en quelque sorte mettre la charrue avant les bœufs. Véritable plan d'une vie, l'information génétique est le domaine ultime de l'intimité humaine. C'est pourquoi il convient de toujours la protéger et de l'utiliser efficacement dans les diagnostics génétiques. La science doit protéger la dignité humaine.

UNGER. En 2001, l'Académie européenne des sciences et des arts a organisé à Salzbourg une conférence de chercheurs sur ce thème en coopération avec l'Académie nationale de médecine de Washington. Le thème de cette conférence, *L'impact* *de la technologie génétique sur la dimension humaine*, fut développé en deux parties. Dans la première, les spécialistes ont discuté des résultats les plus récents de la technologie génétique. Dans la seconde, des philosophes, des théologiens et des économistes se sont penchés sur la dimension humaine.

IKEDA. Pour que la technologie génétique serve la cause du bonheur humain, elle doit, comme vous le dites, prendre en considération l'opinion des philosophes, des théologiens, des économistes et d'autres.

UNGER. La technologie génétique affecte tous les domaines. Notre conférence a souligné la gravité des facteurs négatifs ainsi que les grandes attentes et les espoirs que cette technologie faisait naître. L'un de ces espoirs, c'est qu'elle engendre une nouvelle industrie pour dédommager le monde industriel des investissements considérables effectués dans le projet du génome humain.

IKEDA. L'essentiel, c'est de voir en quoi la technologie génétique peut contribuer au bonheur humain et de garder sous contrôle ses aspects négatifs. Quelle est votre position à ce sujet ?

UNGER. Je représente le point de vue des sciences naturelles, selon lequel les êtres humains devraient étudier tout ce qui existe. La science nous apporte plein d'informations utiles pour surmonter les maladies et enrichir la vie humaine. Le génie génétique a le pouvoir de révolutionner notre mode de pensée et d'apporter des bienfaits à l'humanité.

La procréation médicalement assistée et l'usage des embryons

IKEDA. Aujourd'hui, la science médicale va au-delà de la thérapie et de la prévention et manipule la vie humaine elle-même. C'est en 1978 qu'un ovule humain fut pour la première fois fécondé in vitro. Depuis lors, la procréation médicalement assistée (PMA) a progressé à une vitesse prodigieuse.

UNGER. En effet. Développée à l'origine pour être utilisée par les vétérinaires, la fécondation in vitro permet aujourd'hui à de nombreux couples qui désirent un enfant, mais ne peuvent pas en avoir, d'exaucer leur désir. C'est en soi une technique d'assistance qui permet de réaliser à l'extérieur un processus qui se produit normalement à l'intérieur du corps d'une femme.

IKEDA. Comme vous le dites, cela a été un grand bienfait pour de nombreuses femmes apparemment infertiles. Mais cela a aussi ouvert la porte à une intervention thérapeutique dans les premiers stades de la vie. Il est maintenant possible de sélectionner des ovules fertilisés et de manipuler des embryons conservés grâce à la cryogénie. Les médecins et scientifiques engagés dans ce domaine devraient être mus par le respect de la dignité de la vie et se concentrer sur un objectif clair : développer le bonheur humain en permettant de surmonter l'infertilité.

UNGER. Je suis moi aussi opposé à une intervention illimitée sur les origines de la vie. Par ailleurs, il y a un problème plus grand encore, c'est la fertilisation, non pour la procréation, mais pour promouvoir des thérapies régénératives dans d'autres domaines médicaux. Ainsi, la technologie des « cellules souches » a rendu possible la production de diverses sortes de cellules à partir d'un ovule fertilisé au stade de blastocyste ou à partir des cellules d'un embryon avorté.

IKEDA. Ce domaine est prometteur pour le traitement des pathologies incurables et la médecine régénérative. Mais l'inévitable destruction des embryons soulève des problèmes d'éthique. Le Conseil japonais pour la réglementation des sciences et des techniques s'interroge actuellement sur la question de l'usage des embryons.
Malheureusement, il adopte comme critère l'utilité de la recherche sur les embryons au lieu d'avoir une réflexion sur la façon de considérer la vie elle-même.

UNGER. Nous devons cependant nous rappeler que beaucoup d'embryons n'atteignent pas le stade de ce que l'on peut appeler la vie. Tous les ovules inséminés artificiellement ne retournent pas dans le corps des mères. Un certain nombre d'entre eux doivent être éliminés. Par ailleurs, beaucoup d'ovules fécondés naturellement ne parviennent jamais au stade de la nidation et sont perdus. Je crois que la vie humaine commence quand l'embryon est implanté dans l'utérus de la mère. De ce fait, je ne vois pas de problèmes majeurs à utiliser comme matériel de recherche des ovules inséminés qui ne sont pas retournés dans le corps des mères. Rappelons-nous cependant de ce que disait le regretté cardinal Franz König, ancien président honoraire de l'Académie européenne des sciences et des arts : les chercheurs doivent effectuer leurs recherches tout en suivant la voix de la conscience.

IKEDA. Bien que cela puisse être un grand bienfait, la recherche sur les cellules souches peut aussi menacer la dignité de la vie. Nous devons donc être très prudents. Altérer l'embryon, qui constitue le germe de la vie, fait courir le risque de considérer les êtres humains comme un moyen au service d'une fin, ce qui va directement dans le sens de la perte de la dignité humaine. La recherche sur les embryons doit se développer en prenant toujours en compte la nature de l'embryon, qui est le germe même de la vie.

La mort cérébrale et les transplantations d'organes

IKEDA. La mort cérébrale survient quand le cerveau a irrémédiablement cessé de fonctionner et que le cœur continue de battre grâce à des systèmes de stimulation artificielle. Au Japon, l'opinion est divisée sur la question de savoir si cet état correspond à la mort.

UNGER. J'hésite à utiliser le terme « mort cérébrale » parce que certains ont tendance à penser qu'une personne dans cet état est en fait déjà morte. Si c'est le cas, interrompre alors les soins intensifs devient acceptable. Je préfère le terme neurologique français « coma dépassé ». Dans cet état, le cerveau ne fonctionne plus, la température du corps chute, le cœur fonctionne encore, mais la circulation sanguine s'affaiblit et les ongles prennent une teinte bleu-noir. Pour une raison que j'ignore, le terme « coma dépassé » a été traduit à tort en anglais par « mort cérébrale », et le terme est resté.

IKEDA. La question centrale ici porte sur les transplantations d'organes parce qu'elles concernent souvent des personnes déclarées en état de mort cérébrale, que des systèmes de stimulation artificiels peuvent maintenir ainsi pendant une longue période. Quel est votre point de vue sur ce sujet ?

UNGER. On établit un diagnostic de mort cérébrale en vue d'un objectif – par exemple une transplantation d'organes. Dans ce cas, il s'agit de prendre la décision d'interrompre ou non les soins intensifs. Le diagnostic permet alors de justifier le prélèvement d'organes sur des donateurs. Certains redoutent que des organes puissent être retirés alors que les personnes sont en fait toujours vivantes. Mais, aujourd'hui, la pratique internationale a établi certains critères relativement objectifs concernant la mort cérébrale. Ils doivent être strictement respectés.

IKEDA. Il y a quelque temps, j'ai proposé des critères rigoureux, en plus de l'absence de circulation sanguine dans le cerveau, pour soulager l'anxiété des familles des patients. À cause de l'extrême rareté des donateurs au Japon, on voit se développer un mouvement qui prévoit de faciliter les conditions de transplantation pour les personnes en état de coma dépassé. Jusqu'à présent, pour que la transplantation soit autorisée, il fallait que le transplanté ait une carte de donateur signée par ses soins et que la famille accorde son consentement. Dans le système révisé, seul le consentement de la famille serait nécessaire.
Je crois cependant que le vœu spontané et sans contrainte émis par le patient devrait être à l'origine de tout prélèvement

d'organes sur des personnes en état de mort cérébrale. La définition de la mort diffère selon les gens. Autoriser les dons d'organes sur le seul consentement de la famille pourrait signifier que des organes soient retirés du corps d'une personne pour qui la mort cérébrale ne correspond pas nécessairement à la mort réelle. De plus, bien souvent aujourd'hui, des familles qui ont la douleur d'avoir un de leurs proches en état de mort cérébrale ont bien du mal à consentir aux dons d'organes, d'autant que, faute de temps, les médecins ne leur donnent souvent que des informations sommaires ressenties comme insatisfaisantes. Quand on ne connaît pas l'attitude du patient envers la mort cérébrale, la mort et le don d'organes, il faut bien se rendre compte que la responsabilité attribuée par les nouveaux critères aux membres de la famille restant en vie est très lourde.

UNGER. Certains redoutent que les transplantations d'organes de personnes en état de mort cérébrale réduisent le patient de sujet bénéficiant d'une thérapie à un objet dont on peut récolter les organes. En ce qui me concerne, je crois cependant que l'usage du terme « coma dépassé » préserve la dignité d'un donateur qui a déjà clairement exprimé sa volonté de donner à un autre des organes vitaux. C'est un acte de vie. Mais la pratique consistant à vendre des organes pour la transplantation – qui a cours, semble-t-il, dans certains pays – doit être strictement rejetée, d'autant qu'elle remet gravement en cause la confiance dans les traitements médicaux.

IKEDA. Je suis entièrement d'accord. Afin de compenser la rareté des organes humains, on envisage aujourd'hui de transplanter des organes provenant d'animaux. Il est notamment question de transplanter des cœurs de porc. Qu'en pensez-vous ?

UNGER. C'est une question très complexe. En fait, je suis globalement hostile à cette solution parce qu'il est fort probable que l'on transplantera alors les virus de l'animal en même temps que l'organe.

IKEDA. Nous devons donc placer nos espoirs dans les organes artificiels. En 1986, vous avez entrepris de développer le plus petit cœur artificiel et, dans ce domaine, vous êtes reconnu comme un pionnier dans le monde entier. Ce projet a dû entraîner bien des difficultés.

UNGER. J'ai commencé par développer un cœur artificiel (un cœur ellipsoïde) en 1975 et je l'ai implanté cliniquement en 1986. C'était un pont vers la transplantation. Cela a constitué un premier petit pas qui, vingt ans après, s'est transformé en un grand pas. Le cœur artificiel doit être très simple ; autrement, il ne fonctionnera pas comme il le devrait.
Les innovations technologiques qui ont suivi ont mené au développement d'un cœur artificiel destiné à une application clinique. L'avenir semble brillant. Le cœur artificiel deviendra un jour d'un usage aussi facile que le pacemaker aujourd'hui.

L'euthanasie

IKEDA. La légalisation de l'euthanasie aux Pays-Bas en 2001 et en Belgique en 2002 a mis au premier plan la question de la bioéthique par rapport à la mort. Il s'agit de déterminer si l'on peut se permettre d'écourter délibérément la vie d'un patient incurable afin de mettre un terme à ses souffrances. Qu'en pensez-vous ?

UNGER. Je suis personnellement opposé à l'euthanasie. C'est inadmissible d'un point de vue à la fois médical et humain. Le travail du médecin consiste à utiliser la thérapie pour prolonger la vie et non pour la détruire. Le débat autour de l'euthanasie ne se situe pas vraiment sur le plan clinique. Il s'agit de savoir si la vie de personnes souffrant de graves troubles de la conscience (c'est-à-dire dans ce que l'on appelle un état végétatif) ou aux fonctions mentales très altérées conserve une valeur. Autrement dit, peut-on se permettre d'écourter des vies en considérant qu'elles sont trop amoindries pour être dignes d'être vécues ? Les nazis établirent leurs programmes d'euthanasie en répondant par l'affirmative à cette question. Mais, selon moi, le travail du médecin ne consiste pas à évaluer la qualité de la vie. Je pense donc qu'il est tout à fait anormal que des médecins s'expriment de façon légère sur la question de l'euthanasie. Ils devraient se pencher plutôt sur la façon de soulager la souffrance des patients en phase terminale, et non sur la façon de les tuer.

IKEDA. Je suis entièrement d'accord avec vous. Les médecins devraient faire un maximum d'efforts pour soulager la souffrance en ayant recours à l'anesthésie et à des médicaments tels que les analgésiques.
Certains pensent que les thérapies visant à prolonger la vie ne font qu'empirer les souffrances du malade et altèrent sa dignité. C'est l'un des motifs invoqués pour justifier la légalisation récente de l'euthanasie. Cependant, la façon d'appréhender aujourd'hui la dignité humaine n'est pas juste. Elle tend à se concentrer sur les fonctions cognitives, c'est-à-dire à ne concevoir la personnalité que comme une manifestation de ces fonctions. Par conséquent, on considère que leur régression ou la perte irrémédiable des fonctions psychosomatiques réduisent la dignité humaine. En partant de cette approche, on peut imposer l'euthanasie à des patients faibles atteints de maladies incurables. J'y suis pour ma part opposé.

Des expériences proches de la mort

IKEDA. En de nombreuses occasions, quand vous avez vu des patients confrontés à la mort, avez-vous eu des expériences qui témoignaient de la nature merveilleuse de la vie et de la grandeur de la force vitale ?

UNGER. À plusieurs reprises, j'ai été bouleversé et profondément ému en assistant à la mort de patients durant l'opération. On sent alors que l'âme quitte le corps.

IKEDA. Des rapports scientifiques compilés aux États-Unis sur des expériences proches de la mort évoquent des cercles lumineux ou l'impression d'être entraîné dans un sombre tunnel et de se détacher de son corps pour s'observer soi-même durant l'opération. Certains de vos patients ont-ils eu des expériences similaires à l'approche de la mort ? Quel regard portez-vous sur ce type d'expériences ?

UNGER. J'ai connu de nombreux patients qui, après avoir passé plusieurs jours dans le coma, sont revenus à la vie alors même que l'on estimait peu probable qu'ils retrouvent leur conscience.
Tous ont dit que, durant le coma, ils baignaient dans une magnifique lumière d'où émanait une douce chaleur et aussi qu'ils avaient traversé un tunnel long et étroit et qu'ils avaient eu du mal à revenir en ce monde. Je pense que ces expériences proches de la mort nous révèlent la signification de notre existence. Peut-être le fait de baigner dans cette lumière à laquelle nous aspirons tant correspond-il à la signification même de notre existence.

IKEDA. La psychiatre helvético-américaine Elisabeth Kübler-Ross (1926-2004) a décrit sa propre expérience dans ce domaine. Elle a eu aussi l'impression de quitter son corps et de le regarder de haut, dressée au-dessus de son lit. Elle dit également s'être approchée d'une lumière avec laquelle elle a fusionné. Sa description ressemble beaucoup aux expériences proches de la mort que vous décrivez.
Cette présence lumineuse que nous évoquons ici me rappelle la nouvelle de Tolstoï, *La mort d'Ivan Ilitch*, dans laquelle un fonctionnaire attrape une maladie incurable et lutte contre la crainte de mourir jusqu'à ce que, en définitive, il parvienne au bonheur pur de la lumière éternelle. Transcendant le temps, cette lumière symbolise le saut dans la lumière éternelle.
Le concept bouddhique des neuf consciences présente les niveaux de conscience les plus profonds et indique que,

après la mort, la vie individuelle fusionne avec la vie éternelle de l'univers, c'est-à-dire avec la vie cosmique.

Des expériences proches de la mort, partagées par des personnes d'origines totalement différentes, incluent des éléments universels communs qui transcendent culture et religion. Même si elles demeurent en bonne partie inexpliquées, ces expériences n'en demeurent pas moins fascinantes.

La nature éternelle de la vie

IKEDA. Aborder la question de la mort, c'est se confronter à la difficile question de la nature éternelle de la vie. Le bouddhisme enseigne que la vie est éternelle et se perpétue constamment à travers le cycle des naissances et des morts. Comment décririez-vous la nature éternelle de la vie ?

UNGER. C'est une question très difficile. Le christianisme enseigne que l'âme, comme l'esprit, demeure dans le corps jusqu'à la mort où elle est libérée. Alors, elle s'élève et se sublime dans la vie éternelle.

Le développement de la génétique ne réfute pas ce mode de pensée. Imaginons qu'il y ait dans les chromosomes d'une mouche une malformation qui conduise à la cécité. Les progénitures de cette mouche seront elles aussi aveugles. On retrouve le même phénomène chez tous les animaux et toutes les plantes, ainsi que chez les êtres humains. Notre religion enseigne que le Dieu Créateur donne la vie. Mais si la vie est déterminée par les gènes, voire par les chaînes de protéines, comment pouvons-nous savoir d'où nous venons et vers quoi nous allons ? Une nouvelle fois, nous nous retrouvons ici confrontés à une question essentielle que l'on se pose depuis longtemps. En fait, nous ne pouvons peut-être ressentir l'éternité de la vie qu'avec notre conscience et notre subconscient. Peut-être la seule façon de trouver des indices attestant l'éternité de la vie consiste-t-elle à peaufiner notre propre intuition.

Qu'enseigne la doctrine des neuf consciences par rapport à la vie éternelle ?

IKEDA. Les cinq premières des neuf consciences correspondent aux perceptions des cinq sens – vue, ouïe, odorat, goût et toucher – qui parviennent à nous grâce à nos yeux, nos oreilles, notre nez, notre langue et notre corps. La sixième conscience compile, analyse et évalue les informations reçues par les cinq sens. C'est en premier lieu avec ces six fonctions de la vie que nous accomplissons nos activités quotidiennes. Plus profondément se trouvent les septième et huitième consciences, la conscience *mana* (le monde intérieur spirituel indépendant des perceptions sensorielles) et la conscience *alaya* (ou entrepôt karmique). Nous parvenons là à une conscience profonde, ou subconscient.

UNGER. L'interaction entre la conscience et le subconscient est devenue un domaine de recherche important. Récemment, les neurosciences ont pu clarifier le fonctionnement des nerfs crâniens qui précède la conscience et le libre arbitre. Des mesures des structures cérébrales conduisent à supposer qu'il existe une intention inconsciente derrière les actes conscients. J'en déduis que notre vie en ce monde provient du subconscient, qui se répand largement dans la conscience.

IKEDA. Voilà une idée inspirante. En termes modernes, le karma qui, selon les enseignements bouddhiques, se perpétue à travers le cycle des vies et des morts pourrait être appelé l'énergie vitale potentielle. La conscience *alaya* est le produit de la continuité du karma. À la mort d'une personne, les opérations de l'ensemble des sept premières consciences deviennent latentes dans cette huitième conscience qui continue de fonctionner. Quand nous avons abordé ce sujet, le célèbre physicien et ancien recteur de l'université d'État de Moscou, Anatoli A. Logunov (1926-2015), a exprimé un grand intérêt pour la nature pérenne du karma.

À un niveau encore plus profond que la conscience *alaya*, le bouddhisme perçoit une neuvième conscience, la conscience *amala* (conscience pure et essentielle), que l'on peut assimiler à la vie universelle elle-même. Vous avez mentionné que notre vie en ce monde provient du subconscient (ce que nous appelons en bouddhisme la conscience *alaya* ou entrepôt karmique), qui se répand largement dans la conscience. Dans la mort, la vie individuelle se fond dans la vie cosmique et devient latente. La naissance représente une manifestation de la conscience *mana* et des sept premières consciences à partir de la conscience *alaya*.

UNGER. Pour ressentir l'éternité de la vie, il faut certainement faire appel à la fois à notre subconscient et à notre conscience tout en perfectionnant notre intuition.

Éthique et pratique médicales

IKEDA. Tous les médecins prononcent le serment d'Hippocrate, par lequel ils s'engagent à appliquer toutes les mesures nécessaires pour le bien des malades, à les protéger de la souffrance et des injustices, à ne délivrer aucun produit susceptible de donner la mort, à avoir recours à des procédés sans danger, à respecter la confidentialité des patients, à ne prescrire aucun médicament destiné à provoquer un avortement, etc.

UNGER. Le serment d'Hippocrate est une base éthique universelle pour les médecins parce qu'il nous enseigne nos devoirs qui sont de soulager la douleur, de soigner et de guérir les maladies.

IKEDA. Comment définiriez-vous le médecin idéal ?

UNGER. Je dis toujours que nous avons besoin de médecins, pas de techniciens de la médecine. Par « médecin », j'entends quelqu'un qui doit avoir une personnalité profondément

rayonnante. Une personne d'une grande chaleur humaine. Quelqu'un d'équilibré, en mesure de faire la différence entre ce qui est important et ce qui est accessoire. Un médecin de ce type doit garder à l'esprit les recommandations éthiques habituelles, qui enseignent par exemple à honorer les parents, à ne pas tuer ni voler, etc.
À mesure que la science médicale progresse, on exige des médecins qu'ils possèdent toutes sortes de connaissances et maîtrisent un certain nombre de techniques. Le matériel thérapeutique devient de plus en plus complexe. C'est pour cela qu'il est si important d'avoir une véritable éthique de vie.

IKEDA. C'est très clair. Quel doit être le comportement d'un médecin ?

UNGER. Jour et nuit, un médecin doit protéger ses patients et veiller sur leur santé.

IKEDA. Voilà une déclaration très concise dans laquelle on sent briller une profonde conviction philosophique. Dans un écrit bouddhique intitulé *Le Sûtra des rois-souverains de la Lumière dorée*, il est dit que, en toutes circonstances, les médecins doivent faire preuve d'empathie et être libérés de tout attachement au profit. Les médecins sont là pour soulager la souffrance des patients, non pour en tirer un profit personnel. Ils doivent donc avoir toujours un cœur compatissant. Vous illustrez bien à mon sens ce que signifie œuvrer pour le bien des malades.

UNGER. C'est très gentil de votre part. Il est vrai que je m'efforce de me comporter ainsi. Ça fait partie de ma vie.

IKEDA. J'imagine que vous considérez chaque opération chirurgicale comme un champ de bataille sur lequel vous engagez une lutte pour remporter la victoire. C'est bien votre état d'esprit, n'est-ce pas ? et c'est sans doute ce qui vous permet de vous lancer dans chaque opération en étant vraiment prêt.

UNGER. C'est quelque chose de naturel pour moi, je n'oublie jamais que je suis médecin. C'est sur cette base que j'accomplis mon travail. Grâce aux consultations quotidiennes et aux opérations chirurgicales, je peux venir directement en aide à mes patients. Les rencontrer me donne de la force, les recevoir en consultation est la source de mon énergie.

IKEDA. Jivaka fut un médecin célèbre qui vivait au temps de Shakyamuni. Son nom en sanskrit signifie « débordant de vie » ou « le donneur de vie ». Je suis sûr que vous avez vous-même une attitude apaisante pour vos malades. Vous avez dit un jour que, pour le médecin, le patient est roi et que toutes ses connaissances et son savoir-faire doivent être utilisés pour le bien du malade. C'est une déclaration de grande importance,

UNGER. Le devoir et l'objectif du médecin sont de servir le patient comme s'il était son seigneur. Le médecin ne doit jamais considérer le patient comme un simple matricule ou comme un moyen pour parvenir à une fin. Chaque être humain est un sujet. Je crois qu'il faut rétablir la prédominance des droits et de la position des malades. C'est la bonne attitude.

IKEDA. Dans tous les domaines, et pas seulement en médecine, ceux qui exercent une responsabilité ont pour premier devoir de servir. L'objectif de notre mouvement, la SGI, est de créer une ère où les personnes ordinaires jouent le rôle essentiel et où les responsables sont à leur service.

Le droit du patient à l'autodétermination

IKEDA. J'aimerais aborder ici un autre point concernant l'éthique médicale. J'aimerais savoir ce que vous pensez du droit du patient à l'autodétermination. On met davantage l'accent aujourd'hui sur le droit du patient concernant le choix de la thérapie et sur la création d'une relation d'égalité entre patient et médecin.

UNGER. C'est vrai. La mise en avant de ces droits permet aux malades de dénoncer ouvertement certaines violations et de s'opposer à l'attitude consistant à les considérer comme de simples objets. Les médecins doivent agir en ayant bien conscience que les patients sont des sujets qui reçoivent un traitement. Il est donc tout à fait normal qu'ils aient une parfaite compréhension des thérapies proposées et soient associés aux évaluations et aux décisions les concernant.

IKEDA. En somme, il faut mettre l'accent sur les droits d'un patient à déterminer ce qui le concerne directement. Pourtant, les décisions qui doivent être prises dans la médecine moderne sont extrêmement diverses et exigent d'être examinées à partir de nombreux angles différents, en prenant notamment en compte certaines problématiques que nous avons abordées dans ce livre : les parents de substitution, le trafic d'organes pour la transplantation, les demandes d'euthanasie par les malades en phase terminale, etc.
Que pensez-vous de toute cette diversité de sujets sur lesquels les patients sont amenés à se déterminer ?

UNGER. Je pense que les patients ont le droit de choisir une thérapie. Un bon médecin fera de son mieux pour expliquer à la fois le risque et le bénéfice des décisions à prendre, et il incitera ses patients à faire le bon choix. Le dialogue entre le médecin et le patient est d'une importance cruciale. Malheureusement, la médecine d'aujourd'hui tend à négliger ce type de dialogue où un médecin peut expliquer la situation et motiver les patients afin qu'ils puissent se déterminer sur des éléments solides. Mes trente années d'expérience m'ont appris que, lorsqu'on donne la bonne explication et que l'on permet aux patients d'avoir une vision complète, ils effectuent les bons choix. Quand les personnes concernées sont ouvertes au dialogue, beaucoup de problèmes peuvent être résolus de façon satisfaisante à la fois pour le médecin et pour le patient.

IKEDA. Aujourd'hui, il est d'usage dans la pratique médicale d'expliquer de façon suffisamment détaillée la thérapie aux patients afin qu'ils puissent comprendre et accorder de leur plein gré ce que l'on appelle un consentement éclairé. Ce n'est bien évidemment possible que si le patient est reconnu apte à donner son consentement. Que se passe-t-il dans le cas des enfants mineurs ?

UNGER. Quand il s'agit de jeunes enfants, la question de l'autodétermination se pose en termes différents. Il appartient à leurs parents, en tant qu'adultes, de décider. Un enfant n'est pas en situation de décider ce qui est le mieux pour lui. Cela est vrai aussi pour les personnes qui ont de graves handicaps mentaux. Dans ce genre de cas, il convient d'étudier la situation avec attention. Cependant, de manière générale, un médecin qui se sent pour devoir de respecter les droits du patient sur sa propre vie veillera à ne pas le priver de ses droits, sauf cas particuliers, mais le motivera pour qu'il parvienne à prendre la meilleure décision. Comme je l'ai déjà dit, et cela mérite d'être répété ici, dialogue et confiance sont la base indispensable de tout traitement médical.

Les erreurs médicales

IKEDA. Je suis entièrement d'accord. Les malades ont le droit de savoir et d'être convaincus par la valeur de la thérapie qu'ils suivent. Les médecins ont pour obligation de leur expliquer la situation. Au Japon, on assiste à un nombre croissant d'erreurs médicales – concernant des opérations, des prescriptions erronées, etc. C'est devenu un grave problème de société. Comment faire selon vous pour empêcher au maximum de telles erreurs ?

UNGER. Les médecins étant des êtres humains, il peut leur arriver de commettre des erreurs. C'est pour cela qu'il est essentiel d'examiner en détail chaque erreur afin d'en clarifier la cause. La médecine d'aujourd'hui a tendance à s'ancrer dans une attitude défensive et à ne traiter les problèmes que lorsqu'ils sont devenus graves. De plus, dans les hôpitaux, les médecins doivent supporter le poids d'une très lourde bureaucratie et remplir des montagnes de documents. L'informatisation des informations, notamment des dossiers des patients, conduit à passer davantage de temps devant les ordinateurs et moins devant les patients.

IKEDA. C'est une situation préoccupante. Bien que la médecine devienne indéniablement plus complexe et que la charge de travail des médecins s'accroisse, plus la technologie médicale progresse, et plus les médecins doivent s'efforcer de conserver sans cesse une attitude profondément humaine.

UNGER. C'est bien pour cela que je ne cesse d'insister pour que notre hôpital ne s'enferme pas dans la bureaucratie. Je ne veux pas qu'il privilégie la bureaucratie au détriment des patients. Notre système de santé doit être tourné vers les malades.

IKEDA. Vous touchez là un point important qui ne concerne pas que les hôpitaux. Depuis leurs origines, les organisations de tout type doivent déterminer à qui elles sont destinées et quels sont leurs objectifs. Votre état d'esprit me rappelle le serment d'Hippocrate qui insiste sur le fait que les connaissances et le savoir-faire doivent être utilisés non pour exploiter mais pour servir l'humanité. Cela illustre bien l'esprit de votre académie.

Hippocrate a déclaré aussi qu'un médecin épris de sagesse est l'égal d'un dieu. Vous êtes un médecin de grande notoriété qui a sauvé de nombreuses vies et apporté une grande contribution au développement intellectuel de l'Europe. Je prie pour que vous poursuiviez vos activités avec une passion toujours renouvelée.

UNGER. La véritable valeur vient du cœur et peut se transmettre de cœur à cœur. Dans ce dialogue, j'ai été profondément touché par votre grande sincérité. Je crois que, en partant des nombreuses idées que nous partageons, nous avons créé un échange très fructueux. J'espère que vous et moi, nous continuerons à propager l'esprit de tolérance dans le monde entier pour le bien de la paix.

Index

A

Académie européenne des sciences et des arts, 14-29, 23, 35, 148
Afrique, 92, 117
agression, 56, 81, 107
amour chrétien, 24, 61-63, 66, 70
Annan, Kofi, 29
Arco, Karl von, 15
Arendt, Hannah, 73
armes nucléaires, 12, 134-136
Arnold, Thomas, 111
Ashoka, roi de l'Inde, 50-51
Athayde, Austregésilo de, 93-94
Attaques du 11 septembre, 9, 34, 84
autodétermination, 161-163
autoritarisme, 49, 117
Autriche, 44, 76, 78

B

Berlin, chute du mur, 77
bodhisattvas, 65-66, 70, 127
Bouddha Shakyamuni, 20, 24, 51, 68, 71, 100, 128, 161
bouddhisme
- et le bien et le mal, 56-57
- état de bouddha, 25, 65, 94, 121-122, 124
- et christianisme, 10, 24-25
- et compassion, 24, 34, 61-62, 64-65
- et les droits humains, 36, 99
- et l'environnement, 38, 98, 115, 118-119, 124, 126, 128-129
- et la médecine, 161
- les neuf consciences, 156-159
- et origine interdépendante, 59
- les quatre nobles vérités, 71
- les quatre souffrances, 67-68, 70

bouddhisme *(suite)*
les quatre vœux universels, 127
et la santé, 144-145
bouddhisme de Nichiren, 12, 51, 52
bouddhisme mahayana, 61, 70, 127

C

capitalisme, 23, 33-34
Cassin, René, 93
Castellion, Sebastien, 49
cellules souches, 150-151
charte de la tolérance, 35-39
christianisme
et amour, 24
et bouddhisme, 24-26
et charité, 62
et les femmes, 100
et intolérance, 39, 41-43
et liberté, 37, 46
et monde naturel, 126
et salut, 46, 125
et tolérance, 31-32, 37, 38, 46-47, 62-63, 66
et la vie éternelle, 90-91
clergé, 47
colère, 99, note bas page 121
communisme, 72, 78
compassion, 34, 61-65, 70, 82, 98, 122
conscience, 60, 77, 158-159
corps du *Dharma*, 64
Coudenhove-Kalergi, Richard, 75, 76, 88
croisades, 41

D

Déclaration universelle des droits de l'homme, 93
Dhammapada, 66, 142
diabolisation, 41-42
dialogues interreligieux, 10, 23, 27-29, 54-55, 88-89
dignité humaine, 25, 55, 94, 119, 131, 148,
diversité, respect de la, 38, 87
droits humains, 36-37, 83, 91-99, 101
Dubos, René, 120
durée de vie, 141-146

E

Earthkam (connaissance de la Terre acquise par les collégiens), 137
économie de l'amour, 102
éducation, 16, 56, 105-106
éducation à l'environnement, 129-133
éducation à l'espace, 137-138
éducation aux médias, 81
éducation humaniste, 83, 105-107
éducation Soka, 107-113
église catholique romaine, 47
environnement, 95-96, 117-119, 124-125
esprit humain, 73-74, 122-123
et les souffrances, 26
euthanasie, 154-155
expériences proches de la mort, 155-157

F

famille, 35, 91, 100-101
fascisme, 72
fécondation in vitro, 149-150
force vitale de l'univers, 24-25, 64
fossé Nord-Sud, 117-118
François d'Assise (saint), 125
Frankl, Viktor, 59-60

G

Galbraith, John K., 79-80
Gandhi, Mahatma, 103, 131, 145
Gautama bouddha,
voir le Bouddha Shakyamuni,
Goethe, Johann W. von, 69, 130
Gorbatchev, Mikhaïl, 16
Grande Concentration et Pénétration, 143
guerre, 11-12, 25, 40, 42, 46, 75, 83-84

H

Habsbourg, 44, 75-76
Henderson, Hazel, 102
Hippocrate, 159, 164

I

individualisme, 35, 85
Institut de médecine, 18, 60
Institut du cardinal König, 88
intolérance, 32, 39-43, 56-57, 59, 71-72
islam, 39, 44, 46

J

Jamais-Méprisant, bodhisattva, 45
Japon, 40, 44-45, 72-73
Jésus-Christ, 24, 70
jihad islamique, 46
Jivaka, 161
Joseph II, saint empereur romain, 43-44
journaliste, 79-80
Jung, Carl, 58

K

karma, 158
Kübler-Ross, Elisabeth, 156

L

La Géographie de la vie humaine (Makiguchi), 118, 132
La mort d'Ivan Ilitch (Tolstoï), 156
Le monde et l'Occident (Toynbee), 88
lecture, 106
Leibniz, Gottfried W., 123
liberté, 12, 37, 46-47, 59, 76, 79
liberté d'expression, 79
Logunov, Anatoli A., 158
longévité, 141

M

Maathai, Wangari, 124
Makiguchi, Tsunesaburo, 11, 40, 52, 108, 132
maladie cardiaque, 143

matérialisme, 10, 17, 23, 85, 105, 118, 130
Maximilien Ier, saint empereur romain, 44
médecine, 18, 19, 139
médecins, 19, 150, 155, 159-160, 163, 164
monothéisme et intolérance, 39
mort, 66-70
mort cérébrale, 151
Mouvement de la ceinture verte, 125
mouvement des Lumières, 93

N

Naissance des droits humains (UNESCO), 94
nationalisme, 40, 66, 74, 84, 137
Nations unies, 12, 21, 29, 39, 93
nature éternelle de la vie, 157
nazisme, 72
Neumann, Erich, 101
non-violence, 10, 36, 57, 83, 94, 103, 119, 127, 131

O

origine interdépendante, 59
ôter la souffrance pour apporter la joie, 12

P

parabole des herbes médicinales, 86
pardon, 62, 63, 65
pauvreté, 14, 28, 91, 92, 116, 117
Peccei, Aurelio, 27
pollution de l'eau, 116
pollution, 115, 120, 129
polythéisme, 40
publicité, 81

Q

quatre nobles vérités, 71
quatre règles de discipline, 145

R

rationalisme, 53
recherche sur les embryons, 150, 151
réductionnisme, 119, 120
relations humaines, 17, 64, 101
religion
au Japon, 40, 44, 67, 74
et la philosophie, 20
et la science médicale, 20
valeurs de la, et valeurs, 28, 34, 39, 55, 63, 105, 112,
religion et intolérance, 31, 39-44, 50
révolution française, 46, 92
rôle des femmes, 83, 100
Roosevelt, Eleanor, 93, 101

S

sagesse, 61, 63-65, 109-113, 122, 134
science et religion, 119
sciences naturelles, 17-20, 23, 42, 112, 130, 149,

Seconde Guerre mondiale, 11, 12, 40, 65, 78, 93
sécularisation, 26, 45, 92, 105,
shintoïsme, 40, 48, 73
Slayton, Donald K., 136
Soka Gakkai internationale (SGI)
  charte de la, 36-39
  et culture de paix, 56, 86-87, 90, 113
  et les dialogues entre bouddhisme et christianisme, 25
  et l'éducation à l'environnement, 130
sommeil et santé, 143, 146
stalinisme, 71
stress et maladie, 140, 145
Sûtra du Lotus, 13, 45, 51, 64-65, 86
Sûtra de la Liberté inconcevable, 26
Sûtra des rois-souverains de la Lumière dorée, 160
Sûtra Gocaropaya, 143
Suttner, Bertha von, 104
Swaminathan, Mankombu S., 22, 131

T

Tagore, Rabindranath, 103
technologie génétique, 73, 147, 149
Tehranian, Majid, 46
Teilhard de Chardin, Pierre, 73
terrorisme, 28, 34, 84, 91
Tiantai, 121, 142, 143,
Toda, Josei
  et les armes nucléaires, 12, 113, 135
  et la citoyenneté mondiale, 78
  et Daisaku Ikeda, 48
  propos sur la connaissance et la sagesse, 112
  et sa résistance face aux autorités, 73
tolérance active, 55, 87
tolérance et bouddhisme, 34, 36-39
tolérance et religion, 31, 39
tolérance passive, 55
tolérance positive, 50, 91
Tolstoï, Léon, 10, 156
totalitarisme, 71-73
Toynbee, Arnold J., 19, 72, 88, 99, 122
transplantations d'organes, 151
Trésor de l'Analyse du Dharma, 144
Tu, Weiming, 29

U

Unger, Monica, 78, 102
unité européenne, 74
Urbain III, pape, 41

V

valeurs universelles, 84, 90, 91
vénération envers la vie, 119

Vimalakirti, 26
violence, 56, 83, 109
violence et médias, 73, 79, 106, 107
vœux universels du bouddhisme, 127

W

Wahid, Abdurrahman, 21

Z

Zhangan, 61
Zweig, Stefan, 49

Structures éditoriales du groupe L'Harmattan

L'Harmattan Italie
Via degli Artisti, 15
10124 Torino
harmattan.italia@gmail.com

L'Harmattan Hongrie
Kossuth l. u. 14-16.
1053 Budapest
harmattan@harmattan.hu

L'Harmattan Sénégal
10 VDN en face Mermoz
BP 45034 Dakar-Fann
senharmattan@gmail.com

L'Harmattan Cameroun
TSINGA/FECAFOOT
BP 11486 Yaoundé
inkoukam@gmail.com

L'Harmattan Burkina Faso
Achille Somé – tengnule@hotmail.fr

L'Harmattan Guinée
Almamya, rue KA 028 OKB Agency
BP 3470 Conakry
harmattanguinee@yahoo.fr

L'Harmattan RDC
185, avenue Nyangwe
Commune de Lingwala – Kinshasa
matangilamusadila@yahoo.fr

L'Harmattan Congo
67, boulevard Denis-Sassou-N'Guesso
BP 2874 Brazzaville
harmattan.congo@yahoo.fr

L'Harmattan Mali
ACI 2000 - Immeuble Mgr Jean Marie Cisse
Bureau 10
BP 145 Bamako-Mali
mali@harmattan.fr

L'Harmattan Togo
Djidjole – Lomé
Maison Amela
face EPP BATOME
ddamela@aol.com

L'Harmattan Côte d'Ivoire
Résidence Karl – Cité des Arts
Abidjan-Cocody
03 BP 1588 Abidjan
espace_harmattan.ci@hotmail.fr

Nos librairies en France

Librairie internationale
16, rue des Écoles
75005 Paris
librairie.internationale@harmattan.fr
01 40 46 79 11
www.librairieharmattan.com

Librairie des savoirs
21, rue des Écoles
75005 Paris
librairie.sh@harmattan.fr
01 46 34 13 71
www.librairieharmattansh.com

Librairie Le Lucernaire
53, rue Notre-Dame-des-Champs
75006 Paris
librairie@lucernaire.fr
01 42 22 67 13

Achevé d'imprimer en juin 2022 par Corlet Imprimeur - 14110 Condé-en-Normandie
Dépôt légal : juin 2022 - N° d'imprimeur : 22050631 - Imprimé en France

www.ingramcontent.com/pod-product-compliance
Lightning Source LLC
LaVergne TN
LVHW021214061026
849535LV00008B/2725
* 9 7 8 2 1 4 0 2 7 1 7 0 0 *